lonely planet

HIMMEL LEUCHTEN

Der ultimative Travelguide für den Blick nach oben

Inhalt

© Gianni Triggiani / 500 px; vorherige Doppelseite: © RGB Ventures / Alamy Stock Photo

Vorwort

von Phil Plait (alias The Bad Astronomer)

Meine Frau und ich waren stundenlang gefahren und erschöpft, als wir endlich auf der Ferienranch in West-Colorado ankamen. Die Fahrt durch die Berge war herrlich, zog sich aber endlos hin, sodass die Sonne schon unterging, als wir schließlich unser Ziel erreichten.

Wir aßen in der Dämmerung zu Abend, und ehe wir unsere Taschen richtig ausgepackt hatten, war der Himmel dunkel und die Aussicht aus dem Fenster unserer Hütte pechschwarz. Ich wollte schon schlafen gehen, aber Marcella hatte andere Pläne. „Ich will mir den Himmel anschauen", erklärte sie, und wie hätte ich diesem Vorschlag widerstehen können?

Wir bahnten uns im Schein unserer Taschenlampen einen Weg in die Wildnis. Im ländlichen Colorado gibt es viele Wildtiere, und so spähte ich in alle Richtungen und ins Dunkel der Vegetation ringsum, um sicherzustellen, dass wir hier als einzige herumpirschten. Nach ein paar hundert Metern öffnete sich der Weg zu einer Lichtung. Als ich meine Frau aufseufzen hörte, drehte ich mich um und sah, dass sie ihre Taschenlampe ausgemacht hatte und mit offenem Mund nach oben starrte. Ich machte es ihr nach, voller Vorfreude auf das, was ich gleich sehen würde. Und ich hatte mich nicht getäuscht.

Tausende Sterne blickten auf uns herab. Die Milchstraße, die von unserem Zuhause aus nur ein kaum erahnbares Phantom ist, wölbte sich wie ein solides Bauwerk über unseren Köpfen. So viele schwach leuchtende Sterne waren zu sehen, dass ich einen Augenblick brauchte, um mich zurechtzufinden, obwohl ich mein ganzes Leben lang Astronom war.

Unzählige Gedanken gingen durch meinen Kopf, Ausdrücke für Ehrfurcht, Staunen und Schönheit. Marcella fasste die ganzen Empfindungen trefflich in einen lang ausgehaltenen Seufzer. „Oh mein Gott",

wisperte sie, und ich lächelte zustimmend. Oh, wie ich diesen Anblick vermisst hatte!

Doch dabei hatte ich noch Glück, denn ich wusste immerhin, was ich vermisste.

Eine 2016 in *Science Advances* veröffentlichte Untersuchung zeigte die Himmelverschmutzung durch künstliche Lichtquellen. Das Resultat war erschreckend: Rund 80% der Weltbevölkerung leben unter einem lichtverschmutzten Himmel, in der westlichen Welt sind es noch mehr. Wir haben den Reichtum des Universums aus unserem Leben verbannt und übertönen jenes Licht, das Jahrhunderte und Jahrtausende reiste, um unsere Augen zu erreichen.

Natürlich sind die vielen künstlichen Lichter wichtig. Das Treiben unserer Zivilisation findet auch in der Nacht statt, und dabei müssen wir etwas sehen. Das ist auch nicht das Thema. Das Problem entsteht, wenn Licht verschwendet und nach oben statt nach unten gerichtet wird, die Luft um uns herum erleuchtet und die Sterne regelrecht auslöscht. Millionen Menschen wachsen unter einem Himmel auf, der nachts so trübe ist wie ein Schlagloch voller Brackwasser.

Um es auf den Punkt zu bringen: Das ganze Universum breitet sich über uns aus, und wir nehmen es nicht wahr. Selbst in unserer Atmosphäre gibt es wunderbare Erscheinungen: Sternschnuppen, Meteore aus winzigen Stücken interplanetaren Treibguts, verglühen in 80 km Höhe, während sie mit Überschallgeschwindigkeit durch die Luft rasen. Oder das magisch schimmernde Polarlicht, das vom Aufeinandertreffen des Sonnenwinds mit Molekülen noch höher in der Atmosphäre hervorgerufen wird.

Gleich jenseits unserer Atmosphäre kreisen Satelliten, die mit bloßem Auge sichtbar sind, um die Erde. Weiter draußen sieht man die um die Sonne kreisenden Planeten, dann die Fixsterne, Sternenhaufen und -nebel und so viele Galaxien, dass ein auf Armlänge vor den Himmel gehaltenes Sandkorn Zehntausende von ihnen verdeckt.

Das ist es, was wir vermissen. Doch glücklicherweise muss es nicht so sein. Dark-Sky-Fürsprecher überzeugen Behörden, dass wir keineswegs zwangsläufig weniger künstliche Lichter brauchen, aber intelligentere: Lampen, die den Boden und nicht den Himmel beleuchten. Ausgewiesene Lichtschutzgebiete werden zahlreicher und populärer; und Astrotourismus ist im Entstehen, weil immer mehr Menschen in weniger bevölkerte Gebiete reisen, um den Himmel zu bewundern.

Dabei braucht man gar nicht allzu weit zu reisen, um in die Sterne zu schauen. Mitunter reicht schon das nächste Fenster. Mondfinsternisse sind überall zu sehen, wenn sich der Schatten der Erde langsam vor den Mond schiebt. Sonnenfinsternisse lassen sich naturgemäß nur tagsüber beobachten. Die Planeten sind selbst in den Zentren von Großstädten sichtbar, und der Mond ist auch durch den einfachsten Feldstecher betrachtet wunderschön.

Es gibt aber noch so viel mehr zu sehen. Auf den Seiten dieses Buches bietet Valerie Stimac hierzu praktische Ratschläge. Sie erläutert, wie man zu den besten Spots kommt, um all die unterschiedlichen Wunder zu erleben, die der Himmel bereithält. Wer ihren Ratschlägen folgt, dem steht der Kosmos offen.

Als ich in jener Nacht mit meiner Frau mit offenem Mund staunend und still auf der Lichtung in den Rocky Mountains von Colorado stand und die Sternbilder betrachtete, kam mir ein vertrauter Gedanke in den Sinn. Ich amüsiere mich immer über den Ausdruck, den wir verwenden, wenn wir unsere übermäßig beleuchteten Städte verlassen und einen ruhigen, abgelegenen und dunklen Ort aufsuchen wollen: „einfach einmal alles hinter sich lassen." Das ist widersinnig, das genaue Gegenteil trifft zu. Wenn wir uns von all den Lichtern und Lampen entfernen, lassen wir nichts hinter uns als einen leeren Himmel. Wenn wir zu dunklen Stätten reisen, füllt sich diese Leere mit dem ganzen Universum über uns.

© Wanson Luk / 500 px

Einführung

von Valerie Stimac

Wenn sich das wolkige Band der Milchstraße über uns von Horizont zu Horizont erstreckt, wenn eine Sternschnuppe über den Himmel zieht, empfinden wir ein Gefühl von Staunen und Ehrfurcht. Das Wissen, dass sich jenseits der schützenden Schicht unserer Atmosphäre noch viel mehr da draußen befindet, lehrt uns Demut. So unvergleichlich groß ist das Universum: Die Technologie hilft uns zwar, unser Wissen über Monde, Planeten und Sonnen zu vermehren, aber wir können uns kaum vorstellen, wie viele Himmelskörper neben der Erde in unserem Sonnensystem, in unserer Galaxie oder gar im All existieren.

Die Gestalt der Erde erstaunt uns immer wieder; wir reisen zum Mount Everest, zu den Niagarafällen, zum Amazonas und zu zahllosen anderen eindrucksvollen Stätten. Seltsamerweise jedoch wird der Nachthimmel auf der Liste der unbedingt sehenswerten Naturwunder oft vergessen. Dabei kann seine Pracht noch überwältigender sein als die Natur am Boden. Seit Jahrmillionen ziehen die Sterne über den Himmel und führen die Planeten ihren Himmelstanz auf. Dieses Schauspiel zu beobachten, war für die Menschen überall auf der Erde vor noch nicht allzu langer Zeit ein nächtliches Ritual. Dennoch buchen wir nur selten Reisen, um astronomische Phänomene zu sehen und den Himmel zu erleben. Indem wir aber darauf verzichten, z.B. in ausgewiesenen Lichtschutzgebieten (die in diesem Buch aufgelistet sind) astronomischen Erscheinungen zu begegnen oder Meteorströme, Sonnen- und Mondfinsternisse zu beachten, berauben wir uns einer magischen Erfahrung. Noch vor weniger als 100 Jahren konnte jeder den natürlich dunklen Nachthimmel bewundern; heute ist er Stadtbewohnern weltweit entzogen. Wir können ihn noch finden, müssen ihn aber suchen.

Woher stammt unser Interesse am Nachthimmel? Die Ursprünge der Astronomie wurzeln wahrscheinlich tief in prähistorischen Zeiten, als die ersten Vertreter des Homo sapiens entdeckten, dass die Bewegungen der Sonne, des Mondes und der Sterne nicht zufällig verliefen. Im Versuch, in diesen Bewegungsmustern Bedeutung zu finden, wurden Glaubenssysteme geschaffen, die den natürlichen Phänomenen einen Sinn zuschrieben. Solche Glaubenssysteme sind auch heute noch eng mit der Astronomie verbunden, wie die Astrologie beweist (deren Grundannahme ist, dass die Bewegung und die jeweilige Position der Sterne und Planeten einen direkten Einfluss auf unser Leben hat).

Die Menschen wussten zwar nicht immer mit wissenschaftlicher Gewissheit, dass es etwas jenseits unserer Erde gibt, wurden aber stets von ihrem Wissensdurst angetrieben, den Blick auf die Sterne zu richten. Im 21. Jh. ist es wahrscheinlich, dass uns unsere Anstrengungen zumindest zu anderen Planeten in unserem Sonnensystem bringen werden. Wir haben Jahrhunderte damit verbracht, etwas über den Nachthimmel zu erfahren, aber die Zeit der Entdeckungen ist gerade erst angebrochen.

Die einfachste Methode, den Nachthimmel zu genießen – nämlich mit dem bloßen Auge – ist so alt wie die Menschheit selbst. Astronomische Daten reichen fast 5000 Jahre, bis in die Bronzezeit, zurück. Natürlich gibt es keine schriftlichen Aufzeichnungen aus jener Zeit, aber Archäoastronomen haben Hinweise und materielle Zeugnisse dafür entdeckt, dass die Menschheit seit den frühesten Epochen ihrer Geschichte den Himmel beobachtete und die dort entdeckten Muster festzuhalten versuchte. Wichtige Stätten, die das astronomische Wissen alter Kulturen bezeugen, finden sich in Uxmal und Chichén Itzá in Yucatán, im Chaco Canyon (S. #94), in Ägypten (die Pyramiden), in Großbritannien (Stonehenge) und an vielen anderen Orten der Erde.

Die frühen Beiträge zur Astronomie, die u. a. die Sumerer, Babylonier und Inder lieferten, werden auch heute noch genutzt. Im Verlauf der Jahrhunderte formten die Arbeiten chinesischer, ägyptischer, muslimischer und europäischer Astronomen die Astronomie zu einer eigenen Wissenschaft. Im Mittelalter wurde sie entscheidend durch islamische Astronomen vorangebracht. Sie übersetzten und kommentierten grundlegende Texte von Denkern wie Aristoteles, Euklid oder Ptolemäus vom Griechischen ins Arabische. Diese erreichten dann Europa in lateinischer Übersetzung und animierten dort die Philosophen, sich einer fast vergessenen Wissenschaft zu widmen. Die islamischen Astronomen stellten zudem einige der exaktesten Kalender auf, entwickelten Vorhersagemodelle und zeichneten datierte Beobachtungen astronomischer Phänomene auf.

Später trug der Renaissance-Astronom Nikolaus Kopernikus dazu bei, jene wissenschaftliche Revolution auszulösen, die das menschliche Verständnis von Astronomie und Wissenschaft allgemein im 15. und 16. Jh. grundlegend veränderte. Das heliozentrische Weltbild war zwar schon im klassischen Altertum u. a. von Aristarchos von Samos vertreten worden, aber mit Kopernikus' Schriften wurde die Aussage, dass die Erde die Sonne umkreist, zu einer der umstrittensten Ideen der Menschheitsgeschichte. Physiker und Astronomen wie Galileo, Kepler und Newton förderten auf der Grundlage dieses neuen Modells unser Verständnis des Universums.

Nach anfänglichem Widerstand der katholischen Kirche wurde die kopernikanische Wende akzeptiert. Diese fand ihren Abschluss mit der Entdeckung einer Reihe naturwissenschaftlicher Gesetze, die halfen, den nächtlichen Himmel zu verstehen. Zwischen dem 17. und 20. Jh. stieg die Zahl der Entdeckungen durch empirisch arbeitende Astronomen exponentiell, und die neuen Gesetze wurden durch die von ihnen vorausgesagten astronomischen Objekte und Phänomene bestätigt. Es wurden Planeten und Monde, Asteroiden und Kometen in unserem Sonnensystem und Galaxien, Nebel, Exoplaneten und Schwarze Löcher tief im All entdeckt. Neue technologische Errungenschaften beschleunigten zusätzlich die Rate der Entdeckungen. Den Auftakt machte 1608 die Erfindung des Teleskops, das in der Folge immer leistungsstärker wurde. Zwar gab es weiterhin Kontroversen um die Vereinbarkeit religiöser Überzeugungen und wissenschaftlicher Erkenntnisse, doch standen diese den stetigen Fortschritten des menschlichen Wissens über Planeten und Monde, Asteroiden und Kometen, Sternennebel, Supernovas und Galaxien nicht mehr hinderlich im Weg.

Im 20. Jh. gelangen massive technologische Fortschritte bei der Himmelsbeobachtung, und unser theoretisches Verständnis erlebte einen gewaltigen Sprung durch Einsteins bahnbrechende allgemeine und spezielle Relativitätstheorie. Da das Licht von den Sternen und Planeten durch den Raum reisen muss, um die Erde zu erreichen, ist das Wissen darüber, wie sich das Licht bewegt, für die Astronomie grundlegend. Aufbauend auf dem enormen Erbe antiker Zivilisationen und Jahrhunderten astronomischen Forschens sind Wissenschaftler in der Lage, die tiefsten Fragen zu den Ursprüngen des Universums zu stellen – und ausgehend von den Beobachtungsdaten und theoretischen Modellen beginnen sie, diese zu beantworten. Im 21. Jh. sind wir dem Verständnis des Universums näher denn je – und doch gibt es noch so Vieles, nach dem wir nicht einmal fragen können. Wenn wir zu den Sternen und Galaxien aufschauen, sehen wir den Tod alter Sterne in Supernovä, die Geburt neuer aus interstellaren Wolken (der „Kinderstube der Sterne") und manchmal auch die Auswirkungen für uns unsichtbarer Schwarzer Löcher auf den sie umgebenen Raum.

Selbst der Wettlauf ins All während des 20. Jhs. wurde auch von dem menschlichen Verlangen beflügelt, die Sterne zu erreichen. Meilensteine wie der erste bemannte Raumflug oder die erste Mondlandung waren so bedeutsam, weil sie einen Schritt über unseren Planeten hinausführten. Satelliten, Raumsonden, Raumteleskope sowie Mond- und Marsfahrzeuge ermöglichen seitdem eine immer weiter reichende Erforschung des Weltraums.

Seit der zweiten Hälfte des 20. Jhs. gibt es zunehmend Bestrebungen, gegen die Lichtverschmutzung vorzugehen. Unter dem Druck von Organisationen wie der International Dark-Sky Association wuchs auch bei den Entscheidungsträgern die Bereitschaft, den dunklen Himmel dort zu bewahren, wo er noch vorhanden ist – und in manchen Fällen versuchte man, die Lichtverschmutzung durch ausgefeiltere Infrastrukturplanungen und den Ersatz von Leuchtkörpern zu minimieren. Viele der in diesem Buch genannten Reiseziele sind Orte, die sich dem Schutz des dunklen Himmels verschrieben haben, manche sind gar ausgewiesene Lichtschutzgebiete. Wer glaubt, den Nachthimmel zu kennen, aber ihn noch nie von einem Ort ohne jegliche Lichtverschmutzung gesehen hat, wird eine einmalige Überraschung erleben.

Der Himmel über uns ist Teil unseres Natur- und Kulturerbes. Die Astronomie und die Beobachtung der Sterne sind ein wichtiger Teil der Menschheitsgeschichte, der uns mit frühen Mythen verbindet und uns die gewaltige Ausdehnung des Universums und seine viele Wunder und Rätsel bewusst macht. Indem wir das Band der Milchstraße betrachten, die Reste vorbeiziehender Kometen, die in unserer Atmosphäre verglühen, oder die schimmernden Polarlichter, verstehen wir den Weltraum und unseren Ort in ihm besser. Dieses Buch will helfen, diese und andere Himmelswunder aus erster Hand zu erleben. Wer sich die Zeit nimmt, auf Reisen oder auch nur vom Hinterhof aus den Himmel zu bewundern, gewinnt ein vertieftes Verständnis und neue Wertschätzung für unseren Planeten und das gesamte Universum.

Dieses Buch

Die Kapiteleinteilung dieses Buches berücksichtigt, ob man den dunklen Himmel in einem bestimmten Lichtschutzgebiet erleben, Naturphänomene wie Meteorströme, Sonnenfinsternisse oder Polarlichter sehen oder zu den größten Teleskopen und Forschungseinrichtungen reisen will. Auch über die Möglichkeiten eines Suborbitalflugs kann man sich hier informieren. Und letztlich bietet das Buch auch all jenen Inspiration, die einfach nur „aufwärts reisen" und im eigenen Hinterhof gen Himmel blicken wollen. Schließlich erfährt man, wie und wo man den Himmel beobachten kann und was man dabei erlebt.

Sternenbeobachtung Hier geht es um die Grundlagen der Erkundung des Nachthimmels. In diesem Kapitel wird gezeigt, wie man den Himmel beobachten und nach welchen Objekten man dort Ausschau halten kann. Einige Tipps richten sich auch speziell an urbane Sterngucker. Außerdem finden sich hier Infos, wie man mit anderen Himmelsbeobachtern in Kontakt kommt (etwa durch den Besuch von Sternwarten), einige Tipps zur Astrofotografie und Hinweise, wie Laien durch die Beteiligung an öffentlichen Projekten zur Analyse und zur Beantwortung einiger unserer größten Fragen rund ums Universum beitragen können. Kurzum: Das Kapitel dient als Leitfaden zur Entschlüsselung des Himmels.

Dunkle Orte Dieses Kapitel stellt 35 der weltweit schönsten Orte vor, um die Sterne zu beobachten und den Nachthimmel zu erleben. Es ist alles andere als erschöpfend, enthält aber ausgewiesene Lichtschutzgebiete in aller Welt. In diesen Gebieten werden Maßnahmen ergriffen, um die Lichtverschmutzung zu reduzieren und sicherzustellen, dass man bei klarem Himmel – gegen Wolken ist nun einmal kein Kraut gewachsen – die Sterne bewundern kann. In diesem Kapitel finden sich auch dunkle Orte, die zwar nicht als Lichtschutzgebiete ausgewiesen, aber für Astrotouristen besonders reizvoll sind.

Astronomie in Aktion Das Kapitel konzentriert sich auf Ziele, an denen man einen näheren Blick auf die Praxis der Himmelsforschung werfen kann. Hier werden einige der führenden Forschungseinrichtungen und Observatorien der Welt vorgestellt. Die meisten dieser Stätten sind – wenn auch oft nur zeitweise – für die Öffentlichkeit zugänglich.

Meteorströme Hier erfährt der Leser alles Wissenswerte zu einigen der verlässlich im Jahreslauf wiederkehrenden eindrucksvollen Meteorströmen bzw. -schauern. Das Kapitel stellt den Wissenschaftszweig vor, der sich mit ihnen beschäftigt. Es verrät zudem, wann mit der höchsten Aktivität zu rechnen ist und wohin man am Nachthimmel blicken muss, um die Sternschnuppen zu sehen.

Polarlichter Das Kapitel widmet sich einem weiteren astronomischen Phänomen, das eine Reise wert ist: dem zauberhaften Polarlicht, das als Aurora borealis in der nördlichen und als Aurora australis in der südlichen Hemisphäre beobachtet werden kann. Man erfährt, wann und in welchen Ländern die Polarlichter üblicherweise auftreten, bekommt aber auch Tipps zu anderen Destinationen, an denen Polarlichter selten – und zwar während besonders starker Magnetstürme – beobachtet werden können.

Sonnenfinsternisse Dieses Kapitel erläutert die wissenschaftlichen Erkenntnisse zu Sonnenfinsternissen und bietet eine Übersicht über das Auftreten totaler Sonnenfinsternisse im nächsten Jahrzehnt. Man erfährt, wo der jeweilige Kernschatten verläuft, wie man dorthin gelangt und was man bei einer Reise in die betroffene Region sonst noch erleben kann.

Raketenstarts Länder in aller Welt senden Instrumente, Versorgungsgüter und Menschen mit Raketen ins All – und Astrotouristen reisen zu den Abschussstätten, die sich über den Erdball verteilen.

Weltraumtourismus Wie sieht die Zukunft der Menschen im Weltraum aus – und werden dazu auch Touristen zählen? Dieses Kapitel stellt die wichtigsten Akteure und Ziele auf dem sich schnell entwickelnden Markt des Weltraumtourismus vor.

Für welche Art der Himmelsbeobachtung man sich auch entscheidet – jede einzelne enthüllt eine Welt, die alle Vorstellungen sprengt. *Himmelleuchten* ist keine astronomische Enzyklopädie und kein umfassender Reiseführer zu allen astronomischen Erlebnissen, die man auf dem Planeten machen kann. Es gibt viele weitere hier nicht aufgeführte Orte, an denen man Polarlichter bewundern, Meteore und Sterne beobachten und den menschlichen Erfindungsgeist bestaunen kann, der uns zu einer Art macht, die seinen Heimatplaneten verlassen kann. Das Buch will somit Anregungen bieten, wie man an seinem nächsten Reiseziel die Stunden nach dem Sonnenuntergang verbringen kann, ganz egal, ob man nun hierfür einige Tage an den Urlaub dranhängt oder zu diesem Zweck gleich eine ganze Reise plant.

Sternenbeobachtung

EINFÜHRUNG zu den STERNEN

Das Beobachten des Nachthimmels zählt zu den schönsten und am einfachsten zu genießenden Naturerlebnissen der Welt. Anfangs kann es aber Schwierigkeiten bereiten, das Gesehene auch zu identifizieren:

Zu viel gibt es dort oben zu entdecken – einzelne Sterne und Planeten, ganze Sternbilder oder gar Galaxienhaufen. Ratsam ist es daher, sich schrittweise mit dem Nachthimmel vertraut zu machen. Zunächst sollte man also bekannte Einzelsterne und Sternbilder suchen – Sterngruppen, die von der Erde aus so kompakt wirken, im All aber teils Tausende Lichtjahre voneinander entfernt sind. Schon unsere Vorfahren erklärten sich bestimmte Naturphänomene anhand dieser Sternbilder. Und auch viele überlieferte Legenden und Mythen der Menschheitsgeschichte haben einen direkten Bezug zu Himmelskörpern.

Heute helfen uns Sternbilder, den Himmel in sinnvolle Beobachtungsbereiche aufzuteilen: Sie bewegen sich auf festen Bahnen und nehmen dabei während bestimmter Zeitspannen (z. B. Monat, Tag, Jahr) vorhersagbare Positionen ein. Diese variieren je nach Jahreszeit und sind mitunter nur von der Süd- oder der Nordhalbkugel aus sichtbar. Auf der Nordhalbkugel orientieren sich Himmelsbeobachter primär am Polar- bzw. Nordstern und am hellsten Stern des Universums: dem Sirius (dessen Leuchtkraft nur vom Mond und manchen sichtbaren Planeten wie Venus, Jupiter und manchmal Mars übertroffen wird). Sirius kann man auch von der Südhalbkugel aus erkennen, ebenso das Doppelstern-System Alpha Centauri, das als nächster Nachbar unseres Sonnensystems „nur" vier Lichtjahre entfernt liegt.

1922 wurde der Nachthimmel von der Staatengemeinschaft in 88 Sternbilder unterteilt. Diese Standardisierung beendete das bisherige astronomische „Chaos": Hunderte Sternbilder mit uneinheitlichen, teils auch widersprüchlichen Ausweisungen und Namen, die im Lauf der Menschheitsgeschichte entstanden waren, wurden vereinheitlicht und zusammengefasst. Zu den bekanntesten Konstellationen zählen heute der Große Wagen bzw. Bär (Ursa Major), der Orion (benannt nach dem Großen Jäger der antiken Griechen) und der Cygnus (alias Schwan oder Kreuz des Nordens). Andere Sternbilder sind schwerer auszumachen und weniger bekannt. Bei deren Identifizierung sind heute Apps hilfreich. In einem ersten Schritt lernt man am besten, wie man die bekanntesten Sternbilder ganzjährig sicher am heimischen Himmel ortet. Im zweiten Schritt kommen dann die sichtbaren Planeten wie die Venus (alias Abend- und Morgenstern) oder der strahlend helle Jupiter hinzu. So entsteht eine solide Ausgangsbasis für das visuelle Erkunden des tieferen Alls.

© Dick Tang / 500 px

Richtig beobachten

Eltern oder Lehrer bringen Kindern oft das Beobachten des Nachthimmels näher, indem sie ihnen ein paar der berühmtesten Sterne und Konstellationen am Nachthimmel zeigen. Deren Namen können zwar je nach Kulturkreis und der Zeit, in der man aufgewachsen ist, variieren, bilden aber stets eine gute Basis für die Erkundung des Firmaments in späteren Lebensjahren. Doch keine Panik, falls einem diese kindliche Erfahrung fehlen sollte, etwa weil man als Mädchen oder Junge in einer mit Licht verschmutzten Region lebte oder es keinen geeigneten Lehrer gab: Der Einstieg ist jederzeit möglich – man braucht nur scharfe Augen und einen klaren, dunklen Nachthimmel – was die Sternenbeobachtung zu einem der unkompliziertesten Naturerlebnisse auf dem Planeten macht.

Bevor sich der Blick nach oben richtet, sollte man in Erfahrung bringen, wo am heimischen Himmel in welcher Jahreszeit welche Sternbilder stehen: Das Gute dabei: Himmelskörper folgen einer stets genau zu berechnenden Bahn. Außerdem gibt es heute viele nützliche Hilfsmittel, mit denen sich das Himmelsbild zu jedem beliebigen Zeitpunkt bestimmten lässt, z.B. Sternkarten oder Stellarskope. Letztere muten an wie Mini-Teleskope. Auf das Guckrohr passen jedoch verstellbare Linsenadapter mit beschrifteten Mikro-Sternkarten, die sich durch den Sucher mit dem realen Himmel abgleichen lassen. Auch online gibt es etliche Tools; bei diesen müssen in der Regel der Ort, das Datum und die Uhrzeit eingegeben werden, um die jeweiligen Positionen der Sternbilder in Erfahrung zu bringen. Die englischsprachige Website In-the-Sky.org ist dabei eine der leistungsstärksten und vielfältigsten Plattformen. Ergänzend gibt's viele mobile Apps mit ähnlicher Funktionswiese.

Der ideale Nachthimmel ist klar und wolkenlos. Zudem sollte bei der Beobachtung kein Vollmond herrschen: Als hellster Himmelskörper überstrahlt der Vollmond die Sterne und andere Himmelsobjekte in seiner Umgebung. In den zehn Tagen vor und nach Neumond ist der Sternenhimmel jeweils am dunkelsten und facettenreichsten.

Der nächste Tipp: Es ist wenig Erfolg versprechend, einfach irgendwo gespannt auf die Zeit nach Sonnenuntergang zu warten. Der Himmel muss so dunkel sein, dass sich die Sterne überhaupt erkennen lassen. In den meisten modernen Großstädten ist das nicht der Fall. Sinnvoll ist es also herauszufinden, wo im Umland geeignete Spots liegen. Oder man macht sich gleich auf den Weg zu einem der in diesem Buch vorgestellten Lichtschutzgebiete. In ländlichen Regionen kann es bereits genügen, sämtliche Lichter direkt vor der Haustür auszuschalten und ins All zu gucken! Allerdings sollte man seinen Augen stets genügend Zeit, um sich an die Dunkelheit zu gewöhnen – das kann 20 Minuten dauern –, und währenddessen jegliches helle (Display-)Licht meiden. Es überrascht, wie viel mehr Sterne man dann ohne Hilfsmittel erblickt.

Anfänger orientieren sich am besten zunächst an besonders hellen Himmelsobjekten: Auf der Nordhalbkugel ist dies vor allem der leicht zu ortende Polar- bzw. Nordstern, um den alle anderen Sterne übers Jahr zu kreisen scheinen. Den Blick nordwärts gerichtet befindet sich der Polarstern entweder direkt vor oder über dem Betrachter (je nach Breitengrad). Für eine erste Orientierung eignet sich auch gut der hellste Stern am Nachthimmel: der Sirius im Großen Hund (Canis Major), der zum Jahreswechsel am höchsten steht. Auf der Südhalbkugel zählt Alpha Centauri im Sternbild Stier (Centaurus) zu den stärksten stellaren Lichtquellen.

Zudem sind fünf Planeten unseres Sonnensystems unvergrößert mit bloßem Auge erkennbar. Der Merkur erntet dabei die wenigste Aufmerksamkeit, da er meist von der nahen Sonne überstrahlt wird. Doch wenn Monat und Tageszeit passen, kann

© Myron Standret / Alamy Stock Photo

GRUNDAUSRÜSTUNG FÜR STERNENBEOBACHTER:

Warme Bekleidung – Das Zwiebelprinzip hilft, wenn es nach Sonnenuntergang kühler wird.

Decke/Isomatte – Den Himmel beobachtet man am besten in Rückenlage – wer steht, riskiert Nackenprobleme.

Rotlicht – Unterwegs benötigt man mitunter eine Lichtquelle. Damit die natürliche Nachtsicht der Augen nicht unnötig beeinträchtigt wird, sollte man weißes Licht meiden. Es ist völlig ausreichend, eine Taschenlampe mit einer roten Folie abzuschirmen.

Teleskop/Fernglas (optional) – Derartige Hilfsmittel werden zum Beobachten von Himmelsobjekten benötigt, die mit bloßem Auge nicht erkennbar sind. Wer kein eigenes Teleskop besitzt, kann bei Sternenpartys mitmachen, bei denen Mitglieder von Astronomieclubs ihre Geräte zur Verfügung stellen, oft sogar gratis oder gegen eine kleine Mitgliedsgebühr.

man ihn nach Sonnenuntergang in Horizontnähe erspähen. Die Venus ist der hellste Planet und nach dem Mond das zweithellste Objekt am Nachthimmel – ihr markanter weiß-gelber Glanz lässt sich leicht ausmachen. Der Mars ist unser nächster Nachbar und ebenfalls von der Erde aus zu sehen; er erscheint meist als deutlich orangefarbener Leuchtpunkt. Als größter Planet unseres Sonnensystems steht auch der Jupiter recht hell am Firmament. Und erfahrene Himmelsbeobachter können gar den Saturn ohne vergrößernde Hilfsmittel sichten. Letztere sind nötig, will man Neptun und Uranus sehen, die sich dann aber beide leicht finden und bewundern lassen.

Am Nachthimmel gibt's noch weitere Objekte, die man ohne Fernglas und Teleskop erspähen kann. Das bedeutendste davon ist unsere eigene Galaxie: die bandförmige Milchstraße, deren „Wolken" in Wirklichkeit aus unzähligen Sternen und Sonnensystemen bestehen. Die Erde liegt dabei recht abgeschieden in einem Außenbereich. Dank Umlaufbahn und Position bekommen wir daher zu verschiedenen Jahreszeiten viele unserer galaktischen Nachbarn und die übrige Milchstraße zu Gesicht – zumindest theoretisch: Unsere Vorfahren konnten diesen Anblick fast ungehindert über Jahrtausende genießen. Doch in dicht besiedelten Gebieten machen einem heute Verstädterung und Lichtverschmutzung einen Strich durch die Rechnung. Umso wichtiger ist es, hinaus aufs Land zu fahren, um unseren winzigen Platz im Universum besser einschätzen zu können!

Als größter Planet unseres Sonnensystems steht auch der Jupiter recht hell am Firmament. Und erfahrene Himmelsbeobachter können gar den Saturn ohne vergrößernde Hilfsmittel sichten.

Auf der Südhalbkugel sind zudem zwei unserer nächsten Nachbarzwerggalaxien als kleine „Nebel" erkennbar: die Kleine und die Große Magellansche Wolke, die einst den Maori, Polynesiern und südafrikanischen Khoisan als natürliche Navigationshilfen dienten. Im alten Sri Lanka wurden beide Wolken für Gipfel eines fernen Gebirges gehalten und daher kollektiv als Mahameru Paruwathaya (Großer Berg) bezeichnet. Erstmals schriftlich erwähnt wurden sie im 10. Jh. durch den persischen Astronomen Al Sufi.

In Neumond-Nächten ist weltweit auch die Andromedagalaxie zu sehen, die 2,5 Mio. Lichtjahre entfernt liegt. Sie ist unsere größte Nachbargalaxie und zehnmal so breit wie die Große Magellansche Wolke. Weitere Beobachtungsobjekte sind Meteorströme, Sonnen- bzw. Mondfinsternisse und vorbeifliegende Kometen. Astronomische Events dieser Art werden meist weithin medial angekündigt – so wie der Besuch des Kometen Hale-Bopp im Jahr 1997.

Einige von Menschenhand geschaffene Objekte umkreisen ebenfalls sichtbar die Erde. Darunter ist die Internationale Raumstation (ISS) auf ihrer konstanten Umlaufbahn in 400 km Höhe. Aufgrund dieser geringen Entfernung zieht die ISS tagsüber wie nachts als helles Himmelsobjekt gemächlich am Betrachter vorbei.

Besser beobachten: Sternenpartys und Observatorien

Clubs von Hobbyastronomen zählen zu den besten Optionen für alle, die sich intensiver mit den Sternen beschäftigen wollen. Solche Vereine sind oft wenig bekannt, mit ein wenig Internetrecherche aber vielerorts zu finden. Die Mitglieder tauschen sich untereinander aus und bringen ihre Teleskope mitunter zu gemeinsamen Himmelsbeobachtungen mit. Diese sind manchmal sogar öffentlich, um die astronomische Allgemeinbildung zu erhöhen. Aus demselben Grund veranstalten viele Clubs auch Vorträge, Diskussionsrunden, Treffen und andere Events, bei denen interessierte Nicht-Mitglieder teilnehmen können. Die meist recht geringen Jahresbeiträ-

© Stocktrek Images, Inc. / Alamy Stock Photo

ge finanzieren die Vereinsziele und tragen auf Hobby-Ebene zur Himmelsforschung bei.

Auch wissenschaftlich oder kommunal betriebene Observatorien und Sternwarten steigern das öffentliche Wissen über weit entfernte Himmelsobjekte: Durch mindestens ein Teleskop kann man dort einen vergrößerten Blick ins nächtliche All werfen – meist sogar an speziellen Besucher-Abenden (selbst bei privaten Betreibern). Beim Bedienen der Ausrüstung helfen einem Profis und/oder kompetente Amateure weiter.

Viele (aber nicht alle) Observatorien liegen abseits urbaner Lichtverschmutzung an Dark-Sky-Plätzen. Der Besuch von Sternwarten bietet einen großen

Die Teleskope von Sternwarten sind definitiv die beste Option zum Beobachten von Himmelsobjekten.

Vorteil: Fast immer sind die Teleskope dieser Einrichtungen weitaus leistungsstärker als Amateur-Modelle aus dem normalen Handel – und damit die definitiv beste Option zum Beobachten von Himmelsobjekten. Großstädter ohne Zugang zu dunklen Gefilden sollten nicht verzweifeln: Planetarien können eine super Alternative oder gar Attraktionen für sich sein, und das selbst in lichtverschmutzter urbaner Umgebung, wie etwa das Rose Center for Earth and Space (American Museum of Natural History) in New York beweist.

Gemeinsam mit Astronomievereinen veranstalten viele Observatorien auch öffentliche Sternenpartys oder Ähnliches. Dabei ergänzen z. B. die Amateure das Profiequipment mit ihren

© M.Quinn / NPS

eigenen Teleskopen und richten diese für Besucher auf verschiedene Objekte am Nachthimmel aus. So lassen sich mit dem bloßen Auge unsichtbare, aber faszinierende Himmelselemente (z. B. ferne Galaxien, Nebel oder Planeten) in besonders großer Anzahl auf einmal beobachten.

Und was tun, wenn kein Observatorium, Planetarium oder Dark-Sky-Gebiet in der Nähe ist? Dann schaut man eben in der Stadt in den Himmel, was an klaren Abenden auch ganz schön sein kann – sofern man akzeptiert, dass aufgrund der Lichtverschmutzung nur die hellsten Himmelsobjekte sichtbar sind. Auch dann sollte man sich die sichtbare Planeten (z. B. Mars, Saturn) einprägen und die Mondphasen beim Planen berücksichtigen: Das extrem helle Leuchten des Vollmonds erschwert das Erspähen von Sternbildern, Planeten oder Meteoren in bereits lichtverschmutzter Umgebung noch zusätzlich.

Idealerweise bietet der urbane Beobachtungsort wenigstens etwas Schutz vor künstlichem Licht. Der hellen Lichtglocke am Himmel über der Stadt ist oft nicht komplett zu entkommen. Doch auch in Städten lassen sich dunklere Gegenden finden – zumindest sollte man beim Beobachten des Himmels keinem direkten Licht aus künstlicher Quelle ausgesetzt sein. Eine gute Anlaufstelle können daher Parks sein, in denen oft auch öffentliche organisierte Sternenbeobachtungen stattfinden.

© Liu Chaoyang / Getty Images

Astrofotografie für Einsteiger

Den Nachthimmel durchs Teleskop zu bewundern, ist das eine. Irgendwann kommt aber vielleicht auch der Wunsch auf, Aufnahmen vom Gesehenen zu machen. Wer sich nun aber für die Astrofotografie interessiert, sollte wissen: Hinter dem schlicht klingenden Begriff verbirgt sich eine der technisch anspruchsvollsten Arten des Fotografierens, die neben der richtigen Ausrüstung auch viel Geduld und Lernwillen erfordert.

Bevor astrofotografische Aufnahmen gemacht werden können, müssen Kamera und Umgebungsluft stets dieselbe Temperatur haben. Andernfalls können das Objektiv und/oder der Lichtsensor beschlagen. Das Ergebnis sind Wolken auf den Bildern – und zwar nicht etwa die Milchstraße oder die Magellanschen Wolken, sondern technische Interferenzen. Extremer Frost kann sogar zum Versagen der Kameraelektronik führen.

Für gute Aufnahmen vom Nachthimmel braucht man zudem eine Spezialausrüstung. In erster Linie sind das ein dreibeiniges Stativ und ein zeitgesteuerter Auslöser bzw. eine Fernbedienung. Diese Kombination verhindert ein Verwackeln der Bilder. Nur so sind gestochen scharfe Fotos von den Sternen und anderen Himmelsobjekten möglich – denn selbst wenn man sich noch so viel Mühe gibt, wird man beim Drücken des Auslösers die Kame-

GRUNDAUSRÜSTUNG FÜR ASTROFOTOGRAFEN:

Kamera – Besonders die Verschlusszeit, die Blende und der ISO-Wert sollten für gelungene Nachtfotos manuell einstellbar sein.

Stativ und Timer/Fernbedienung – Sinnvolle Hilfsmittel, die ein Verwackeln der Bilder verhindern.

Ersatzakkus – Bei (nächtlicher) Kälte geht die Energieversorgung schnell in die Knie.

Sonnenfilter fürs Objektiv – Erleichtert das Ablichten bestimmter Himmelsphänomene (z. B. Sonnenflecken oder -finsternisse).

ra bewegen. Sollte es kräftig winden oder gar stürmen, braucht es eventuell eine zusätzliche Stativ-Stabilisierung, um ein Schwanken zu verhindern.

Außerdem benötigen Astrofotografen mindestens einen Ersatzakku: Die nächtliche Kälte verlangt dem Akku weit mehr ab als warme Temperaturen. Zusätzliche Energie fressen die sehr langen Verschlusszeiten und die Verarbeitung der Bilddaten. Wer also auf Nummer sicher gehen will, hat bei einer Astrofotosession bis zu drei Ersatzakkus dabei.

Kommen wir zur Komposition des Bildes. Obwohl die Sterne das Hauptmotiv sind, wird der entsprechende Kontext mit irdischen Motiven im Vordergrund ein Foto deutlich aufwerten. Gern werden dabei Elemente der umgebenden Landschaft wie Berge, Bäume und Felsformationen gewählt, um das Firmament in Szene zu setzen.

Die Kameraeinstellung ist für Astrofotografen ein Balanceakt: Schließlich will man ausreichend Licht einfangen, Unschärfe und Bildrauschen aber verhindern. Wie in der herkömmlichen Fotografie sind vier Faktoren für ein perfektes Bild entscheidend: Verschlusszeit (Belichtungszeit), Blendenzahl, der Fokus und die Lichtempfindlichkeit. Mit guten Kombinationen dieser vier Einstellungen lässt sich das All auf unterschiedliche und auch künstlerische Art porträtieren.

Eine Faustformel lautet: Wenig Licht bedeutet längere Belichtungszeiten. Natürlich hängt dies aber auch von den sonstigen Einstellungen und vom Motiv ab: Bei sogenannten Strichspur-Aufnahmen (also Bildern, bei denen man die Sternenbahnen sieht) oder bei Fotos von Polarlichtern ist eine längere Belichtung tatsächlich besser. Möglichst scharf abgebildete Sterne erfordern hingegen eine kürzere Verschlusszeit.

Je kürzer die Verschlusszeit, desto kleiner muss die Blendenzahl sein: Diese regelt die Menge des Lichteinfalls auf den Sensor bzw. Film (je niedriger die Blende, desto mehr Licht). Um ein optimales Ergebnis zu erzielen, kommt aber auch noch die Lichtempfindlichkeit ins Spiel. Letztere wird durch den ISO-Wert des Sensors bzw. Films angegeben: Ein zu hoher ISO-Wert hat ein Bildrauschen oder ein „grobes Korn" zur Folge – Farben und Kontraste wirken dann verwaschen bzw. „verpixelt". Ein mittlerer ISO-Wert (800–3200) bringt generell genügend Licht bei akzeptablem Bildrauschen. Manche Astrofotografen wählen dennoch einen höheren Wert (3200+) und kompensieren das Bildrauschen in der digitalen Nachbearbeitung. Mitunter wird auch etwas Rauschen ganz gezielt als künstlerisches Element eingesetzt.

Der Fokus komplettiert das Einstellungspuzzle: Intuitiv lockt „∞" (Unendlich-Fokus). Viele Astrofotografen bleiben jedoch etwas darunter.

Am allerwichtigsten ist aber die eigene Einstellung, d.h.: einfach motiviert üben und Zeit mitbringen. Astrofotografie heißt *learning by doing*!

© Sunti / Shutterstock

Hilfswissenschaftler

Einige Hobby-Himmelsforscher beobachten oder fotografieren den Kosmos auf eigene Faust. Andere bewundern dessen Erhabenheit lieber virtuell zu Hause. Unabhängig davon steht ihr Interesse in einer langen Tradition: Viele berühmte Astronomen der Menschheitsgeschichte haben als Amateure begonnen – eine akademische Ausbildung mit Zugang zu Observatorien mit Highend-Gerätschaften gibt es ohnehin erst seit kurzer Zeit. Und selbst heute noch entdecken „Laien" etwas Neues im All mitunter zuerst – z.B. eine strahlend helle Supernova. Genau das gelang Victor Buso und einem anderen argentinischen Amateurastronomen im September 2016. Über ihre Entdeckung berichteten die beiden u.a. als Mitverfasser eines Fachartikels in der Zeitschrift *Nature*. Auch ansonsten leisten Sterngucker ohne Diplom wichtige Beiträge zur Astronomie: So helfen sie z.B. bei der Auswertung riesiger Datenmengen, die von Satelliten geliefert werden. Und ihre Teleskope ergänzen oft die großen internationalen Observatorien – denn selbst diese können nicht den ganzen Himmel auf einmal erfassen.

Die NASA zählt global zu den größten Förderern der sogenannten Citizen Science (Bürgerwissenschaft). Eines ihrer vielen Projekte für Amateurastronomen und interessierte Laien ist z.B. die HubbleSite. Diese gigantische Datenbank enthält Aufnahmen, die das Hubble-Teleskop in seiner Umlaufbahn 547 km über der Erde geschossen hat – darunter ein paar der großartigsten Weltraumfotos aller Zeiten. Nur ein Bruchteil der zahllosen Bilder ist bislang medial veröffentlicht worden. Gelegentlich starten die Hubble-Experten von NASA und ESA jedoch neue Projekte, um aktuelle Fragen zu beantworten. Hierfür werden dann oft online Freiwillige rekrutiert, die beim Durchforsten des riesigen Daten-Pools helfen wollen. Bislang waren Ehrenamtliche so z.B. schon an der Altersbestimmung von Sternen in der Südlichen Feuerrad-Galaxie (Messier 83) oder an Studien zu den Bewegungsmustern von Milchstraße und Andromedanebel beteiligt. Auch zum derzeit im Bau befindlichen James-Webb-Weltraumteleskop (es soll in den frühen 2020er-Jahren das Hubble ersetzen) wird die NASA wohl wieder eine neue Website für Bürgerwissenschaftler einrichten.

Ein anderes großes NASA-Projekt mit freiwilliger Unterstützung heißt Planet Hunters. In diesem Fall werden Bilddaten des Kepler-Weltraumteleskops ausgewertet, um Lichtveränderungen bei fernen Himmelsobjekten festzustellen – die Basis für das Aufspüren bislang unbekannter Planetensysteme. Ein Online-Kurs auf der Website erklärt die Kepler-Lichtwerte und ihre Anwendung: Vorübergehende Verdunkelung indiziert, dass gerade ein Planet vor einem zentralen Stern vorbeifliegt. Mit etwas Übung kann man dann ganze Datensätze durchforsten und derartige Ereignisse kennzeichnen – und dabei tatsächlich neue Planeten entdecken: Die Ergebnisse gehen direkt an NASA-Wissenschaftler, die die vermeintlichen Treffer genau untersuchen und gegebenenfalls bestätigen. Als Nachfolger des Kepler-Teleskops wird auch der TESS (Transiting Exoplanet Survey Satellite) wieder zivile Hilfe beim Analysieren neuer Bilddaten erfordern.

Noch heute entdecken „Laien" etwas Neues im All mitunter zuerst – z.B. eine strahlend helle Supernova. Genau das gelang Victor Buso und einem anderen argentinischen Amateurastronomen im September 2016.

Die NASA veröffentlicht zudem regelmäßig Fachartikel und Berichte mit interaktiver Möglichkeit für interessierte Laien – meist auf Websites zu bestimmten Missionen (z.B. der Raumsonde Juno zum Jupiter): Dort können Hobby-Astrofotografen dann ergänzend ihre eigenen Aufnahmen vom jeweiligen Himmelsobjekt posten und teilen. Weitere Möglichkeiten zum Mitmachen eröffnen große Astronomie-Periodika wie das Magazin *Sky & Telescope* (www.skyandtelescope.com), das der Zusammenarbeit zwischen Profis und Amateuren einen ganzen Bereich seiner Website widmet.

SETI (Search for Extraterrestrial Intelligence; Suche nach außerirdischer Intelligenz) zählt zu den bekanntesten und beliebtesten Experimenten der astronomischen Bürgerwissenschaft. Der Name ist eine Art Sammelbegriff: Beteiligt sind diverse Forscher und Firmen, die zumindest teilweise nach extraterrestrischem Leben fahnden und dabei auf private Mithilfe setzen. SETI@home ist dabei das populärste Projekt und erfordert lediglich einen handelsüblichen PC. Nach dem Installieren der Software nutzt SETI@home die restliche Rechenleistung, um Daten von Radio-Teleskopen (z. B. Arecibo in Puerto Rico, S. 120) nach auffälligen Anzeichen für die Existenz von Aliens zu durchsuchen. Ähnlich funktionieren MilkyWay@home (erzeugt 3D-Modelle vom Umkreis der Milchstraße) und Einstein@Home (Suche nach Gravitationswellen). Auch diese Programme

© Matt Gibson / Shutterstock

laufen auf fast jedem Computer – hauptsächlich im Hintergrund. Interessierte Jugendliche, Schüler und Studenten werden dabei genauso angesprochen wie Amateurastronomen, die ihrem Hobby in Freizeit oder Ruhestand nachgehen wollen. Zwei weitere große Plattformen heißen Cosmoquest (https://cosmoquest.org/x) und Zooniverse (www.zooniverse.org).

Astronomische Großereignisse wie Sonnenfinsternisse bieten weitere Beteiligungsschancen für Bürgerwissenschaftler. So gab es z. B. rund um die totale Sonnenfinsternis 2017 diverse Kooperationen, die den Profis dabei halfen, das Verhalten der Sonnen-Korona während der Verdunkelung besser zu verstehen. Privatpersonen schickten dabei u.a. eigene Fotos von der Finsternis ein und durchsuchten riesige Bilddatenbänke nach Hinweisen auf interessante Phänomene. Tipps zu derartigen Programmen haben Astronomievereine sowie staatliche Einrichtungen (wie NASA und der Rat deutscher Sternwarten).

Auch mit dem Teleskop ist privates Forschen möglich. Wer kein eigenes besitzt, kann in manchen Observatorien rund um die Welt Zeiten buchen. So haben Amateurastronomen die Chance, regelmäßig bestimmte Himmelsbereiche mit Profiequipment auf Veränderungen und Auffälligkeiten zu untersuchen. Und wer weiß, vielleicht entdeckt man neue Supernovas, Planeten oder Asteroiden?

Dunkle Orte

Viele Menschen haben noch nie einen wirklich dunklen, nicht von Lichtverschmutzung betroffenen Nachthimmel gesehen, dabei entfaltet dieser Anblick in physischer und psychischer Hinsicht eine mächtige Wirkung. Leider sind dunkle Himmel zunehmend und weltweit durch menschliche Eingriffe gefährdet. Mehr als die Hälfte der Weltbevölkerung lebt gegenwärtig in städtischen Gebieten, und diese Zahl wird in den nächsten Jahrzehnten um weitere 2,5 Mrd. Menschen steigen. Doch noch immer gibt es dunkle Orte, an denen sich Besucher ganz in das Wunder über ihren Köpfen vertiefen können. Gleichgültig, ob man nur das weite Band der schimmernden Milchstraße betrachten oder die Sterne, vielleicht sogar mit einem eigenen Teleskop, studieren will: Dunkle Orte in aller Welt aufzusuchen, ist ein sehr lohnendes Ziel. Das Kreuz des Südens in Australien zu bewundern, zu sehen, wie sich die Sterne in den Salzwüsten Boliviens spiegeln, oder das Himmelszelt über dem Gunung Bromo in Indonesien zu studieren, sind Erlebnisse, die Traveller begeistern, ob sie nun passionierte Astrotouristen sind oder nur Hobby-Astronomen.

Zum Schutz und zur Erhaltung unserer dunklen Himmel sind mehrere Vereinigungen gegründet worden, darunter die International Dark-Sky Association (IDA; http://darksky.org). Die IDA arbeitet mit Gemeinden und Verwaltungen zusammen, um weltweit Lichtschutzgebiete auszuweisen, deren dunkler Himmel für künftige Generationen erhalten bleiben soll. Da Lichtverschmutzung uns zunehmend daran hindert, den Nachthimmel an unseren Wohnorten zu bewundern, ist es wichtig, dass es geschützte dunkle Gebiete gibt, die wir besuchen können, um den Blick gen Himmel zu genießen. Sie sind mit Nationalparks vergleichbar, die Städtern die Gelegenheit geben, mit der Natur in Kontakt zu treten.

Sicherlich ist gerade in Städten mehr Licht erforderlich, um Schutz und Sicherheit zu gewährleisten, aber dieses Licht ist nur dann ein Vorteil, wenn es richtig eingesetzt wird. Lichtverschmutzung wird als eine Beleuchtung definiert, die über das Gebiet hinaus, das belichtet werden soll, die Dunkelheit beeinträchtigt. Autoscheinwerfer, die die Straße vor einem beleuchten, sind also keine Lichtverschmutzung, während es sich bei der Beleuchtung eines Gartens, in dem sich niemand aufhält, um Lichtverschmutzung handelt. Viele Geschäfte und Wohnhäuser haben eine übermäßige Außenbeleuchtung oder richten das Licht nicht effektiv dorthin (und nur dorthin), wo es benötigt wird, und erzeugen dadurch Lichtverschmutzung. Sie beeinträchtigt unsere Möglichkeit, den nächtlichen Himmel über uns zu sehen, wobei städtische Gebiete am stärksten davon betroffen sind: Stadtbewohner können meist nur eine Handvoll Sterne am Nachthimmel erkennen.

Lichtverschmutzung ist mehr als nur eine störende Belästigung für Menschen, die in die Sterne gucken wollen. Mit der Zunahme des nächtlichen Lichts wurden Forscher auf die physischen und psychischen Auswirkungen dieses von manchen Forschern „Verlust der Nacht" genannten Phänomens aufmerksam. Eine physische Auswirkung ist, dass wir an zu hellen Orten weit schlechter schlafen. Unser Gehirn und unser Körper arbeiten tageszyklisch, d. h., viele unserer hormonellen und sonstigen physischen Systeme funktionieren analog zum Wechsel von Licht und Dunkelheit. Wenn die Sonne aufgeht, wachen wir auf, wenn die Sonne untergeht, werden wir müde. Wenn wir versuchen, bei zu viel Licht zu schlafen, können wir Schwierigkeiten mit dem Einschlafen haben, unfähig sein, tiefere Schlafphasen zu erreichen, öfter aus dem Schlaf gerissen werden und uns beim Aufwachen abgeschlagen fühlen.

Das Forschungsgebiet der Umweltpsychologie befasst sich mit den Auswirkungen der Natur auf die menschliche Psyche, darunter auch mit den Auswirkungen von Lichtverschmutzung und Dunkelheit auf unser Wohlbefinden. Fehlende Dunkelheit und schlechter Schlaf können uns deprimierter machen. Forschungsergebnisse legen zudem nahe, dass unsere Fähigkeit zum Staunen abnimmt, wenn wir den Nachthimmel nicht sehen können und sich unsere Perspektive auf die Welt und unseren Ort im Universum verengt. Die psychischen Auswirkungen der Lichtverschmutzung sind noch weniger erforscht und dokumentiert als die Auswirkungen auf die Umwelt, aber es besteht kein Zweifel daran, dass der Verlust der Dunkelheit auch psychische Auswirkungen hat.

Es tut uns also gut, den dunklen Himmel zu sehen, und es hilft unserem Körper, unserer Seele und unseren Gemeinschaften, wenn es Zugang zu dunklen Himmeln gibt. Für viele Stadtbewohner scheint es zunächst unmöglich, Gebiete mit dunklem Himmel zu finden, aber es gibt Lichtschutzgebiete sogar in der Nähe großstädtischer Regionen und nicht nur in den abgelegensten Winkeln der Erde. Da immer mehr Traveller sich auf die Suche nach dunklen Himmeln machen, ergeben sich in solchen Gebieten auch wachsende touristische Entwicklungschancen für in der Nähe liegenden Gemeinden und Geschäfte.

In diesem Kapitel werden einige der dunkelsten Orte der Welt vorgestellt, von den Wüsten des Nahen Ostens und Südafrikas bis zu den Bergen Südostasiens und Ozeaniens. Einige Ziele sind als Stätten jährlicher Sternenpartys für Amateur-Astronomen besonders interessant, in anderen können Touristen tagsüber herumstreifen, ohne mitzubekommen, dass sie sich auf heiligem Boden für Himmelsbeobachter bewegen. Ob man die unberührten Lichtschutzgebiete besucht, die sich rund um die Welt auf einsamen Inseln verstecken, oder nur einmal die Milchstraße richtig sehen möchte, der nächtliche Himmel wird einen staunen lassen. Man kann Lichtschutzparks in der Nähe besuchen oder zu einmaligen Stätten, Wüsten oder Bergen pilgern. Alle hier vorgestellten Orte werden nachts nur vom Licht der Sterne erhellt.

Viele der Orte in diesem Kapitel sind von der International Dark-Sky Association (IDA) als Lichtschutzgebiete anerkannt. Die 1988 gegründete IDA arbeitet mit Gemeinden und Verwaltungen vor Ort zusammen, um ihnen bei der Planung und Umsetzung von Lichtschutzmaßnahmen zu helfen. Vier Formen von Lichtschutzgebieten, die von der IDA anerkannt werden, sind in diesem Buch zu finden:

– Dark Sky Communities: Wohnviertel, Städte und Ortschaften, die Lichtschutzmaßnahmen umsetzen;
– Dark Sky Parks: Öffentliche oder private Naturschutzflächen mit Informationen zum nächtlichen Himmel und lichtverschmutzungsarmer Beleuchtung;
– Dark Sky Reserves: Lichtschutzgebiete, die von Siedlungen umgeben sind, die die Lichtverschmutzung reduzieren, um die Kernzone vor ihr zu schützen;
– Dark Sky Sanctuaries: abgelegene Orte mit einem natürlich dunklen Himmel, der geschützt werden soll.

Uluru (Ayers Rock)

AUSTRALIEN

Der Uluru (Ayers Rock), eines der bekanntesten und beliebtesten Wahrzeichen Australiens, erhebt sich im Outback des Northern Territory. Der riesige Sandsteinfelsen wurde vor über 500 Mio. Jahren aus der Erdkruste gehoben und besitzt seit jeher tiefe

Die nächtlichen Sterne über dem Uluru (Ayers Rock)

spirituelle Bedeutung für die australischen Ureinwohner, die ihn Uluru nannten. Den zweiten Namen Ayers Rock erhielt er im späten 19. Jh. von einem australischen Landvermesser; seit 2002 trägt die Stätte offiziell den Doppelnamen. Mit der symbolischen Überreichung einer Eigentumsurkunde wurde die Stätte 1985 an den Aborigine-Stamm der Anangu rückübertragen. Der Felsen mit seiner satten rostrot-orangenen Farbe wird selbst passionierteste Sternenbeobachter zumindest einige Zeit von ihrem eigentlichen Ziel ablenken.

Es ist nicht leicht, den Uluru (Ayers Rock) zu besuchen; die nächstgelegene größere Stadt Alice Springs ist fünf Autostunden entfernt. Trotzdem ist der Felsen eines der beliebtesten Ziele im Red Centre des Outback: Rund 500 000 Besucher pilgern jährlich herbei, angelockt von der über der Wüste thronenden Felsformation. Früher kletterten die Besucher auf den Felsen, aber das wurde aufgrund seiner spirituellen Bedeutung verboten. Manche Besucher genießen bei einem Panoramaflug den Blick aus der Luft, aber alle, die dazu körperlich in der Lage sind, sollten den 9,3 km langen Rundweg um den Fuß des Felsens bewältigen.

Ein Besuch des Uluru (Ayers Rock) bei Nacht ist ein atemberaubendes Erlebnis, bei dem man die Majestät des Monolithen unter den klaren Sternen bestaunen kann. Das Ayers Rock Resort, das auch geführte astronomische Touren bietet, ist die nächstgelegene Unterkunft. Das Resort bildet Aborigine-Angestellte aus; jeder interessierte indigene Australier erhält hier einen Job.

Die Sonnenfinsternis von 2028 wird zwar auch am Uluru (Ayers Rock) zu sehen sein, die Totalitätszone verläuft aber weiter nordöstlich (am National Hwy 87 nördlich von Willowra bis nach Tennant Creek). In der Nähe kann man auch zwei Stätten mit Einschlagkratern besuchen: den Gosses-Bluff-Krater und das Henbury Meteorites Conservation Reserve, eine Gruppe von zwölf Kratern, die durch einen beim Absturz zerfallenen Meteoroiden vor ca. 4700 Jahren entstand. Der größte Krater durchmisst 180 m, ist 15 m tief und zeichnet sich deutlich in der Landschaft ab.

Praktische Informationen

Reisezeit: Die Wintermonate Mai bis September sind optimal für einen Besuch des Uluru (Ayers Rock) und des australischen Red Centre.

Infos im Internet:
https://parksaustralia.gov.au/uluru/

Warrumbungle National Park

AUSTRALIEN

Links: das Anglo-Australian Telescope (AAT) in Siding Spring; rechts: Blick auf die Milchstraße über dem Siding Spring Observatory

Es gibt Nationalparks in New South Wales, die näher bei Canberra, Sydney oder Brisbane liegen, aber keiner ist so dunkel wie der Warrumbungle National Park. Die Fahrt von einer dieser Städte dauert zwischen fünfeinhalb und acht Stunden, dennoch kommen viele Besucher in den Park, die seine Naturwunder bei Tag – und bei Nacht – erleben wollen. Dank der hiesigen Lichtschutzmaßnahmen und fehlender Lichtverschmutzung wurde der Nationalpark 2016 zum ersten Dark Sky Park Australiens ernannt.

Am Tag können Besucher die Warrumbungle Mountain Range erkunden,

© cbphoto / Alamy Stock Photo ; © National Geographic Image Collection / Alamy Stock Photo

wo Wandern, Klettern und Abseilen zu den beliebtesten Aktivitäten gehören. Im Park kann man auch Wildtiere wie Kängurus und Koalas beobachten und in den Vulkanformationen durch Schluchten und Höhlen wandern. Wer unter den Sternen übernachten will, findet im Park vier Campingplätze. Nachts kann man im Warrumbungle National Park den Himmel beobachten, besonders gut, wenn man auf einem der Campingplätze übernachtet. Die Campinggenehmigung, die man braucht, um einen Platz zu erhalten, holt man sich im Besucherzentrum.

Eine weitere Gelegenheit, Sterne zu beobachten, bietet das Siding Spring Observatory im westlichen Teil des Parks. In der Einrichtung gibt es mehrere Teleskope, darunter das Anglo-Australian Telescope mit einem Spiegeldurchmesser von 3,9 m. Das Observatorium wird von der Australian National University Research School of Astronomy and Astrophysics betrieben und ist in erster Linie eine Forschungs- und keine Bildungseinrichtung für die Öffentlichkeit. Traveller sind aber tagsüber im Besucherzentrum willkommen. Alljährlich im Oktober veranstaltet das Observatorium das StarFest, bei dem Besucher Astronomen begegnen und in einer der besten astronomischen Einrichtungen Australiens an einer Sonnenbeobachtung teilnehmen können.

2028 wird der Warrumbungle National Park in der Totalitätszone einer in Australien beobachtbaren Sonnenfinsternis liegen. Veranstaltungen sind bisher noch nicht angekündigt, man sollte sich den Termin aber vormerken: Die Campingplätze im Park und nahe Unterkünfte dürften bis zu einem Jahr im Voraus ausgebucht sein.

Praktische Informationen

Reisezeit: Das Frühjahr (Sept.–Nov.) ist ideal für einen Besuch des Warrumbungle National Park. Der September ist der trockenste Monat, und die blühenden Wildblumen im gesamten Park machen das Erlebnis noch eindrucksvoller. Ab Dezember ist der Besuch wegen der Regenzeit und heißer Sommertage weniger angenehm.

Infos im Internet:
www.nationalparks.nsw.gov.au

Salar de Uyuni

BOLIVIEN

Hoch in den Bergen nahe dem Kamm der Anden bildete sich aus mehreren prähistorischen Seen der Salar de Uyuni, die größte Salzpfanne der Erde. Der Salar de Uyuni in Bolivien ist zu einem zunehmend beliebteren Touristenziel geworden, seit Traveller durch Social Media auf die ungewöhnliche Topografie dieser Sehenswürdigkeit aufmerksam wurden. Wenn die Oberfläche der Salzpfanne trocken ist, präsentiert sich der Salar als ein riesiges weißes Nichts – nur blauer Himmel und weißer Boden. Wenn etwas Wasser auf der Salzfläche liegt, spiegelt die Oberfläche die Wolken und den Himmel des Altiplano, und der Horizont verschwindet.

Ein Besuch des Salar de Uyuni ist kompliziert: Tourveranstalter bieten eine Auswahl von ein- bis viertägigen Ausflügen durch die 10 583 km² große Salzebene; die meisten Besucher buchen eine mehrtägige All-Inclusive-Tour. Es ist zwar möglich, den Salar de Uyuni auf eigene Faust zu erkunden, wegen seiner Größe und der logistischen Probleme beim Buchen von Unterkünften sollte man sich aber besser einem Veranstalter anvertrauen.

Es gibt auch immer mehr Gelegenheiten, den Salar de Uyuni nachts zu besuchen und den Sternenhimmel und den weiten Horizont zu genießen. Da die Salzpfanne kaum erschlossen ist, können Besucher hier wirklich dunkle Nächte erleben. Der Tourveranstalter Ruta Verde bietet spezielle, auf Sternenbeobachtungen ausgerichtete Touren, aber auch andere Veranstalter sind in der Gegend vertreten. Sternenbeobachtungstouren zum Salar de Uyuni starten in der Regel in den Ortschaften Uyuni oder Colchani.

Manche Veranstalter verbinden die Sternenbeobachtung mit einer Sonnenaufgangs- oder Sonnenuntergangstour; diese Touren dauern in der Regel zwischen zwei und sechs Stunden. Mit einem Tourveranstalter ist garantiert, dass man sich nicht in der Salzebene verirrt. Zudem ist man mit einem Führer unterwegs, der auf astronomische Sehenswürdigkeiten wie Meteorströme, die Planeten, die Milchstraße und die Magellanschen Wolken aufmerksam machen und sie erläutern kann.

Von oben im Uhrzeigersinn: unter dem bolivianischen Himmel; Wolken spiegeln sich im Salar de Uyuni; das Valle de la Luna in Bolivien

Bei einer Bolivien-Reise sollte man auch das Valle de la Luna (Mondtal) besuchen. Die ungewöhnlichen Felsformationen liegen nicht weit außerhalb von La Paz und sind leicht erreichbar, wenn man sich im nördlichen Bolivien aufhält, um La Paz oder den Titicacasee zu besuchen. Die zu Peru gehörende Isla Taquile im Titicacasee bietet ebenfalls einen eindrucksvollen dunklen Himmel und verfügt über Homestay-Unterkünfte.

Praktische Informationen

Reisezeit: Die beliebteste Zeit für einen Besuch ist die Regenzeit (Dez.–März), wenn sich Wasser auf der Salzpfanne ablagert und der Boden dadurch klar den Himmel widerspiegelt. Das ist die beste Zeit für Fotos mit Sternen am Himmel und ihrem Spiegelbild auf der Wasserfläche am Boden.

Infos im Internet:
www.rutaverdebolivia.com/tour/uyuni-stargazing-tour

Parque Nacional dos Lençóis Maranhenses

BRASILIEN

Die von Flusssedimenten und äquatorialen Atlantikwinden geformten Lençóis Maranhenses sind ein Meer aus Sanddünen an der Nordostküste Brasiliens und bilden einen der ungewöhnlichsten Nationalparks des Landes. Das 1549 km² große Dünengebiet erinnert an eine Wüste, empfängt aber fünfmal so viel Niederschlag wie eine durchschnittliche Wüste.

Diese Niederschlagsmenge von 1,2 m pro Jahr macht die Dünen des Parque Nacional dos Lençóis Maranhenses zu einem Ziel für naturbegeisterte, abenteuerlustige Traveller. Jedes Jahr sammelt sich der Regen zwischen den Dünen und schafft Süßwasserseen, die einige Monate lang bestehen bleiben und Lebensraum für eine Fülle von Pflanzen und Tieren bieten.

Von oben im Uhrzeigersinn: Lagune und Dünen in der Abenddämmerung; der Zug der Sterne über den Dünen; ein Süßwassersee

Diese einmalige Verbindung biologischer und ökologischer Bedingungen macht die scheinbare Wüste zu einem Ort von einzigartiger Vielfalt.

Wegen des jährlichen Wechselspiels von Wind, Sand und Wasser ist der Nationalpark, abgesehen von zwei Oasen in den Dünen, kaum erschlossen, was dazu beiträgt, dass es hier kaum Lichtverschmutzung gibt. Man kann also bei einer Abenteuertour im Park sehr gut Sterne beobachten. Wegen der Lage des Parks nur 2,5 ° unterhalb des Äquators sind am Himmel zugleich Sternbilder der nördlichen und der südlichen Hemisphäre zu sehen.

Im Park kann man wandern, Geländewagentouren und Ausritte machen, in den Süßwasserseen Kanu fahren und schwimmen – und sogar surfen, da zum Park 69 km der brasilianischen Küste gehören. Das Gebiet ist ein herrlicher Abstecher bei einer Reise ins benachbarte Amazonasbecken.

Das erste Observatorium des amerikanischen Doppelkontinents wurde in den 1630er-Jahren von den Holländern auf der Ilha de Antônio Vaz in Brasilien erbaut. Der deutsche Astronom Georg Markgraf beobachtete hier die Sonnenfinsternis von 1640, doch leider wurde das Gebäude 1654 zerstört. Heute kann man den Malakoff-Turm in Recife besuchen, der ein Observatorium beherbergt, sowie das Espaço Ciência – Museu Interativo de Ciência de Pernambuco in Olinda.

Praktische Informationen

Reisezeit: In der Regenzeit (Jan.–Mai) bilden sich Süßwasserseen in den Dünen. Zwischen Juni und November fallen die Seen trocken, die besten Monate für den Besuch sind daher Juni, Juli und August.

Infos im Internet:
http://visitbrasil.com/en/atracoes/lencois-maranhenses-national-park.html

Jasper National Park

KANADA

Unabhängig von der International Dark-Sky Association haben einige Länder eigene Vorschriften zum Schutz des dunklen Himmels erlassen. Kanada gehört zu diesen Ländern, und der Jasper National Park ist eines von zehn Lichtschutz-Reservaten im Land (mehr zum größten kanadischen Dark-Sky-Reservat, dem Wood Buffalo National Park, steht auf S. 172). Der Jasper National Park, ein Paradies für alle Outdoor-Fans, ist bekannt für die malerischen kanadischen Rocky Mountains, farbenfrohe Bergseen und herrliche Sonnenuntergänge. Aber

© Stocktrek Images, Inc. / Alamy Stock Photo; © Krishna.Wu / Shutterstock

auch begeisterte Astrotouristen, die nach einem Tag voller Abenteuer den dunklen Himmel genießen wollen, sind hier genau richtig.

Der vier Fahrtstunden von Edmonton und fünf Fahrtstunden von Calgary entfernte Nationalpark in Alberta ist ein großes, relativ gut zugängliches Schutzgebiet für alle möglichen Outdoor-Aktivitäten. Wandern, Radfahren, Bergsteigen und Campen sind beliebte Aktivitäten im Sommer; wenn es kalt wird, stehen Skifahren, Schneeschuhlaufen und sogar Eisklettern auf dem Programm. Zunehmend strömen Besucher in den wärmeren Monaten auch zu Tageswanderungen und zum Fotografieren in den Jasper National Park. Dass der Park für fast alle Traveller etwas Reizvolles zu bieten hat, ist einer der Hauptgründe dafür, dass er beständig zu den meistbesuchten Reisezielen in Kanada zählt.

Oben: das Columbia-Eisfeld und der Athabasca-Gletscher im Jasper National Park; unten: Spirit Island im Maligne Lake

Nachts stiehlt der Himmel den Bergen und Seen die Schau. Die durch den Status des Parks als Lichtschutzreservat garantierte begrenzte Lichtverschmutzung stellt in den dunklen Wintermonaten eine klare Sicht auf die Sterne, die Milchstraße und die Polarlichter sicher. Jeden Oktober veranstaltet der Park das Jasper Night Sky Festival (https://jasperdarksky.travel), eines der weltweit größten derartigen Festivals. Hier treffen Referenten, Astronomen und Verfechter eines dunklen Himmels auf Laienpublikum, um gemeinsam den Nachthimmel zu erleben. Zudem gibt's kulinarische Events, ein Sinfoniekonzert unter den Sternen und Workshops in Sternenfotografie.

Das Night Sky Festival im Jasper National Park ist nur eines von vielen ähnlichen Events in Kanada. In den Sommermonaten bis in den September hinein veranstalten viele Nationalparks Dark-Sky-Festivals. Darunter sind das Annual Dark Sky Festival im Kluane National Park im Yukon Territory, der Milky Way Day im Elk Island National Park in Alberta, die Dark Sky Nights im Point Pelee National Park in Ontario und die Night Sky Celebration im Terra Nova National Park in Neufundland und Labrador.

Praktische Informationen

Reisezeit: Die beste Zeit, um den dunklen Himmel zu erleben, sind die Wintermonate (Nov.-Feb.). Wer keinen Wintersport mag, findet in der Zwischensaison (Sept.-Okt. & März-Mai) einen immer noch dunklen Himmel, aber weniger Schnee und Eis vor.

Infos im Internet: *www.pc.gc.ca/en/pn-np/ab/jasper*

Mont-Mégantic

KANADA

Als erstes ausgewiesenes Dark Sky Reserve der Welt wurde Mont-Mégantic zum Vorbild für den Schutz gegen Lichtverschmutzung. Das im Süden Québecs nahe der Grenze zu den US-Bundesstaaten New Hampshire und Vermont gelegene Reservat umfasst 5275 km^2; zu ihm gehören u. a. die Stadt Sherbrooke, der 59,9 km^2 große Parc national du Mont-Mégantic und die im Park ansässigen Observatorien.

Der Park ist ein beliebtes Wanderziel, aber im Winter auch bestens für Schneeschuh- und Skilangläufer geeignet. Gleitschirmflieger starten vom Mont Saint-Joseph, während sich Mountainbiker und Radler den Herausforderungen der Berge im Park stellen und Vogelbeobachter versuchen, einige der hier lebenden geschützten Arten zu sichten. Im Park gibt's Campingplätze und andere rustikale Unterkünfte, von denen aus man auf eigene Faust die Sterne beobachten kann.

Oben: Der Park ist große Teile des Jahres ein verschneites Wunderland. Unten: der Parc national du Mont-Meganic mit dem Observatoire du Mont-Mégantic

Abgesehen von diesen Attraktionen sind die wissenschaftliche Sternwarte Observatoire du Mont-Mégantic, die Volkssternwarte Observatoire Populaire du Mont-Mégantic und das Besucherzentrum und Wissenschaftsmuseum ASTROLab sehenswerte Ziele. Die wissenschaftliche Sternwarte betreibt das zweitgrößte Teleskop im östlichen Kanada mit einem Spiegeldurchmesser von 1,6 m. Die Sternwarte ist tagsüber für Führungen und nachts zu besonderen Astro-Events geöffnet.

Das ASTROLab ist der Bezugspunkt für Traveller, die Mont-Mégantic wegen Himmelsbeobachtungen besuchen. Die Exponate drinnen und Beobachtungsinstrumente draußen sind ideal, um mehr über Sterne zu erfahren. Die Soirées d'observations astronomiques verbinden einen Vortrag mit Himmelsbeobachtungen durch Teleskope und große Doppelfernrohre unter Anleitung von Fachleuten. Zu den weiteren Veranstaltungen gehören abendliche Himmelsbeobachtungen in der Volkssternwarte sowie Events wie das Astronomie-Festival im Juli und das Perseiden-Festival im August, das der Beobachtung des stärksten Meteorstroms des Jahres gewidmet ist.

Das Observatoire du Mont-Mégantic liegt an der Zentrallinie der Totalitätszone der 2024 über Nordamerika ablaufenden Sonnenfinsternis. Bisher sind noch keine besonderen Veranstaltungen angekündigt, man sollte aber Unterkünfte in der Nähe des Parc national du Mont-Mégantic mindestens sechs Monate vor dem Ereignis buchen, wenn man erleben will, wie während der Totalität die Sterne am Himmel sichtbar werden. Montréal liegt am nördlichen Rand der Totalitätszone, sodass die totale Sonnenfinsternis dort kürzer sein wird.

Praktische Informationen

Reisezeit: Während des Perseiden-Festivals Mitte August kann man jedes Jahr den spektakulären Meteorstrom bewundern.

Infos im Internet: *http://astrolab-parc-national-mont-megantic.org*

Parque Nacional Torres del Paine

CHILE

Die fast senkrecht aus der patagonischen Steppe in Chile aufragenden Granitpfeiler der Torres del Paine („Türme des blauen Himmels") beherrschen die Landschaft in Südamerikas schönstem Nationalpark. Der seit 1978 zu den UNESCO-Biosphärenreservaten gehörende, 1808 km² große Park besteht aber aus viel mehr als seiner größten Attraktion. In der vielfältigen Landschaft finden sich himmelblaue Seen, smaragdgrüne Wälder, tosende Ströme und die leuchtend blauen Gletscher des Campo de Hielo Patagónico Sur (Südpatagonischen Eisfelds). Guanakos weiden auf der weiten offenen Steppe, und Andenkondore kreisen zwischen den hohen Gipfeln.

Die Berge und Gletscher locken abenteuerlustige Traveller aus aller Welt zum Wandern, Bergsteigen und Kajakfahren. Mehrere berühmte Wanderrouten führen durch die Torres del Paine, darunter die fünftägige „W"-Route und der achttägige Rundkurs um den Paine Grande und die Cuernos del Paine. Weil das Gebiet unter Schutz steht, ist es weitgehend unerschlossen, es gibt aber für die 250 000 Besucher pro Jahr ein paar Aussichtspunkte, Campingbereiche und Lodges. Eine mehrspurige Hauptstraße dient als Zufahrt zum Park.

Wegen der geografischen und der Höhenlage warten die Torres del Paine mit einem regnerischen Herbst (März–Mai) und einem kalten, oft schneereichen Winter (Juni–Sept.) auf. Die meisten Traveller kommen in den Frühlings- und Sommermonaten, wenn die Tage länger sind. Um die begrenzte Dunkelheit in den Monaten, wenn der Himmel klar ist, auszunutzen, muss man vorab planen und bereit sein, lange aufzubleiben. Das lohnt sich aber auch: Die Torres del Paine bilden eine atemberaubende Naturkulisse für die Beobachtung der Milchstraße, der Magellanschen Wolken und der Sterne des Südhimmels.

Von oben im Uhrzeigersinn: Der Mond über den Torres del Paine; Eiswanderer am Grey-Gletscher; ein Paar vor den berühmten drei Türmen

Torres del Paine liegt im Dezember 2020 im Schattenpfad einer Sonnenfinsternis, wird aber nur eine Abdeckung von 60 % erleben. Wer in dieser Zeit kommen und die partielle Sonnenfinsternis sehen möchte, sollte vorab planen und eine geeignete Schutzbrille mitbringen. Von Zeit zu Zeit zeigt sich in Patagonien auch das Südlicht (Aurora australis). Die besten Chancen zur Beobachtung dieses hier seltenen Phänomens bieten sich in den dunkelsten Monaten des Jahres, in denen man aber mit Wind, Regen und Schnee rechnen muss.

Praktische Informationen

Reisezeit: Die Zwischensaisonmonate (Okt. & April) sind die beste Zeit für einen der Sternenbeobachtung gewidmeten Besuch, weil die Nächte dann nicht winterlich kalt sind.

Infos im Internet: *www.parquetorresdelpaine.cl/es*

Nationalpark Eifel

DEUTSCHLAND

Der Nationalpark Eifel ist zwar noch recht jung – er wurde erst 2004 gegründet –, verfolgt aber ein ehrgeiziges langfristiges Ziel: große Teile dieser deutschen Parklandschaft der Natur zurückzugeben. Deshalb hat das Nationalparkamt einen umfassenden Plan zum Besuchermanagement eingeführt, der es Travellern aus aller Welt ermöglicht, den Wald zu erleben, während zugleich die natürlichen Ressourcen geschützt werden, damit das Land in seinen ursprünglichen Zustand zurückversetzt werden kann. Zu diesem gehört auch der dunkle Himmel.

Der Nationalpark Eifel umfasst 109 km² im westlichen Mitteldeutschland längs der belgischen Grenze. Man schätzt, dass fast 20 Mio. Menschen in einem Umkreis von zwei Stunden rund um den Park leben. Das ist zwar schön, weil es die Anwohner ermutigt, die Natur des Parks am Tag zu erkunden, stellt aber hinsichtlich des Schutzes vor Lichtverschmutzung eine große Herausforderung dar. Im Jahr 2014 wurde der Nationalpark Eifel vorläufig als ein Dark Sky Park anerkannt. Die Bemühungen, die Lichtverschmutzung zu reduzieren und die Bestimmungen bezüglich geringer Lichtemissionen umzusetzen, werden fortgesetzt.

Tagsüber ist der Nationalpark Eifel eine natürliche Spielwiese. Es gibt über 242 km an Wegen zum Wandern, Radfahren und (im Winter) Skilanglaufen. Der Park ist für Traveller unterschiedlicher körperlicher Fitnessgrade zugänglich. Parkranger veranstalten geführte Wanderungen und Informationsvorträge über den Park.

Nach Sonnenuntergang informieren die Parkranger auch über die Wunder des Nachthimmels. Die Sternwarte in Vogelsang steht Besuchern aus aller Welt offen und betreibt die Astronomie-Werkstatt „Sterne ohne Grenzen", die Grundlagen der Astronomie vermittelt und Himmelsobjekte wie die Milchstraße (sofern sichtbar) erläutert. Tourveranstalter beginnen damit, geführte Touren in den Nationalpark anzubieten, sodass die Möglichkeiten für Traveller steigen, beim Besuch auch den Nachthimmel erleben zu können.

Von oben im Uhrzeigersinn: die malerische Bertradaburg; das Gemündener Maar, ein Vulkansee in der Eifel; Wandern in der Eifel

Der Astronom Harald Bardenhagen trug mit zur Einstufung des Nationalparks Eifel als Sternenpark und zur Entwicklung der Astronomie-Werkstatt „Sterne ohne Grenzen" für die Sternwarte in Vogelsang bei. „Der Anblick eines Nachthimmels voller Sterne ist ein sehr grundsätzliches, direktes Naturerlebnis, das Herz und Gedanken der Besucher berührt. Ich möchte, dass die Besucher den Wert der Dunkelheit wiederentdecken und zu Botschaftern eines natürlichen, sternenreichen Nachthimmels werden", erklärt Bardenhagen.

Praktische Informationen

Reisezeit: Die Eifel lohnt zu jeder Jahreszeit einen Besuch. In den vier Wochen rund um die Sommersonnenwende (Juni) wird der Himmel aber nicht völlig dunkel, was Sternenbeobachtungen beeinträchtigen kann.

Infos im Internet: *www.nationalpark-eifel.de*

Naturpark Westhavelland

DEUTSCHLAND

Viele sind der Meinung, dass man immer stundenlang unterwegs sein muss, um einen dunklen Himmel zu erleben, aber das Beispiel des Naturparks Westhavelland beweist, dass es möglich ist, die Natur und den dunklen Himmel selbst relativ nahe an einer Metropole zu bewahren.

Der 71 km östlich von Berlin gelegene Naturpark Westhavelland wurde 1998 eingerichtet, um das Sumpfland der Havel und des nahe gelegenen Gülper Sees zu erhalten und die in diesem Feuchtgebiet lebenden Landtiere und Vögel zu schützen. Mit 1313 km² ist das Westhavelland das größte geschützte Feuchtgebiet Europas; in ihm leben viele Vogelarten, darunter auch mehrere gefährdete. Tagsüber sind Vogelbeobachtungs- und Radtouren beliebte Aktivitäten, um das Westhavelland zu erleben.

Wenn die Sonne untergeht, wird sofort klar, warum das Westhavelland zu Deutschlands erstem Dark Sky Reserve erklärt wurde: Die geringe Erschließung dieser oft überschwemmten Gegend schützt den Nachthimmel und macht den Park für alle, die sich in Norddeutschland aufhalten, zu einem der besten Orte, um die Milchstraße zu sehen. Rund 6 Mio. Bewohner der Region Berlin-Brandenburg haben leichten Zugang zum Naturpark Westhavelland und können den hiesigen dunklen Himmel genießen.

Jeden September richtet der Park den familienfreundlichen Westhavelland AstroTreff aus, eine mehrtägige Sternenparty mit Infos zur Astronomie, Sternenbeobachtungen, Campen unter den Sternen und tagsüber der Teilnahme an Sonnenbeobachtungen. Zudem gibt es noch Events in der nahen Beobachtungsstation Sternenblick Parey.

Von Berlin aus ist man mit dem Auto in kaum zwei Stunden im Westhavelland; nur wenige Busse oder Züge fahren in diese Gegend. Rathenow ist die größte Stadt im Naturpark; die größere Stadt Brandenburg an der Havel bietet alle touristischen Einrichtungen und liegt an der südlichen Grenze des Parks.

© canadastock / Shutterstock; © Lichtspuren / Flickr

Oben: Abenddämmerung im Westhavelland; links: Die Skyline Berlins mit dem Fernsehturm am Alexanderplatz ist nur zwei Stunden vom Naturpark entfernt.

Man kann hier mehr als nur die Sterne sehen. Thomas Becker, ein Mitarbeiter des Naturparks, erinnert sich an eine Aprilnacht, als er Galaxien durch ein Teleskop beobachten wollte. „Ganz unerwartet trat ein Nordlicht auf. Dank des dunklen Himmels im Naturpark war es sehr klar zu sehen. Anderswo hätte man es im Dunst gar nicht wahrgenommen.“ So weit südlich treten Nordlichter in Europa nur sehr selten auf, aber im Dunkeln des Naturparks Westhavelland kann man sie unter günstigen Bedingungen erspähen.

Praktische Informationen

Reisezeit: Mai und September bieten die richtige Mischung aus Wärme und den höchsten Chancen auf einen wolkenlosen Himmel. Im Sommer wird es schwül, im Winter gibt es Frost und Schnee.

Infos im Internet: *www.sternenpark-westhavelland.de*

Hortobágy Nemzeti Park

UNGARN

Oben links: fliegende Graue Kraniche (*Grus grus*) bei Sonnenuntergang; oben rechts: Im Park leben Przewalski-Pferde.

Wegen der zunehmenden Maßnahmen gegen die Lichtverschmutzung und der wachsenden Zahl von Lichtschutzgebieten weltweit sind viele Länder stolz auf die Zahl ihrer eigenen Schutzgebiete. Zu diesen Ländern gehört auch Ungarn mit bislang drei zertifizierten Lichtschutzgebieten, darunter der Hortobágy-Nationalpark im Osten des Landes.

Weite Gras- und Marschgebiete wie in diesem Nationalpark sind ideal für Sternenbeobachtungen. Das ebene Gelände ohne Berge oder andere geologische Formationen und der überwiegend niedrige Pflanzenbewuchs stellen sicher, dass man fast völlig freie Sicht auf den Nachthimmel genießt. Als erster Nationalpark Ungarns liegt der Hortobágy-Park in

© Ferenc Cegledi / Alamy Stock Photo; © Peter Horvath / Getty Images

einer wenig erschlossenen Region des europäischen Kontinents und schützt den Nachthimmel und im Park lebende nachtaktive Arten. Deshalb wurde ein Teil des Nationalparks 2011 als Dark Sky Park zertifiziert, und Anpassungen in der Beleuchtung nahe gelegener Gemeinden sollen die dunklen Bereiche noch größer werden lassen.

Der Hortobágy-Nationalpark ist als geschütztes Biosphärenreservat und UNESCO-Welterbestätte auch tagsüber sehenswert. Hier leben Wildtiere wie Wölfe, Wildpferde und Goldschakale; besonders attraktiv ist der Park für Zugvögel. Besucher können hier Tierarten in einem Ökosystem beobachten, das seit Jahrtausenden weitgehend unverändert geblieben ist. Im Nationalpark kann man sich über die ungewöhnliche Geologie informieren, die die alkalischen Ebenen von Hortobágy formte, und im Ort Hortobágy das Erbe der Hirten und ihrer Weidetiere in der Puszta erleben. Hier lässt sich auch die örtliche Spezialität genießen: mit Hackfleisch gefüllte Pfannkuchen in einer Paprikasauce.

Nachts bietet Hortobágy eine Reihe astronomischer Aktivitäten. Das Fecskeház Youth Hostel and Field Study Centre besitzt eine Observatoriumskuppel und veranstaltet in wolkenlosen, dunklen Nächten geführte Sternenbeobachtungen; im Hostel stehen 34 Betten zur Verfügung. Mitarbeiter des Nationalparks bieten Spaziergänge mit Sternenbeobachtung und halten Vorträge über die Wunder des Sternenhimmels.

István Gyarmathy, der Koordinator der Lichtschutzbestrebungen im Hortobágy-Nationalpark, betont die Bedeutung des Nachthimmels für alle Lebewesen im Park: „Man erlebt die Veränderung der Helligkeit während der Dämmerung, wenn die Sterne hervortreten und die nächtlichen Geräusche erwachen. Dieses Erleben inspiriert seit uralter Zeit auch die Kultur der Hirten, und noch heute hat der Sternenhimmel in den Traditionen der Schafhirten eine große Bedeutung."

Praktische Informationen

Reisezeit: Die besten Zeiten für einen Besuch sind das Frühjahr (April & Mai) und der Herbst (Sept. & Okt.), wenn warme Tage in nicht allzu kalte Nächte übergehen, die ideal sind, um Sterne und Meteorströme zu beobachten.

Infos im Internet: *www.hnp.hu*

Zselici Csillagpark

UNGARN

Oben links: Blick auf das Sternenobservatorium im Sternenpark Zselic; oben rechts: der Ban-Jelačić-Platz in Zagreb, Kroatien

Wie bei den meisten europäischen Städten ist es auch in unmittelbarer Nähe der ungarischen Hauptstadt Budapest schwer, einen dunklen Himmel zu finden. Aber nur zwei Stunden weiter südwestlich liegt nahe der Grenze zu Kroatien der Zselici Csillagpark (Sternenpark Zselic), einer der besten Orte für Sternenbeobachtungen im östlichen Europa. Der 2009 ausgewiesene Dark Sky Park war einer der ersten in Europa. Der Sternenpark liegt innerhalb des Zselici Tájvédelmi Körzet (Landschaftsschutzgebiets Zselic).

Der Park liegt zwar abseits der Route der meisten Reisenden in Europa, hat aber für alle, die einen ursprünglichen Nachthimmel erleben wollen, viel zu bieten. Neben einer Sternwarte mit Teleskopen gibt es ein Planetarium mit regelmäßigen Veranstaltungen für alle Altersstufen, einer Ausstellung zur Astronomie und zur Natur sowie einer

© Attila Fodemesi / Shutterstock; © Shevchenko Andrey / Shutterstock

Sammlung von Meteoriten. Auf der fünfstöckigen Aussichtsplattform können Besucher den Sternen noch näher kommen. Die Einrichtung, die Ausstellung und das Planetarium sind dienstags bis sonntags tagsüber geöffnet; tagsüber gibt's auch Sonnenbeobachtungsveranstaltungen. Die nächtlichen Veranstaltungen, die freitags in der Sternwarte stattfinden, konzentrieren sich auf die verschiedenen Objekte, die im Jahreslauf zu sehen sind.

Bei einem Besuch tagsüber erfährt man etwas über die Natur und das Ökosystem dieser Region. Das Personal des Sternenparks veranstaltet regelmäßig geführte Wanderungen durch das Landschaftsschutzgebiet Zselic und bietet Vorträge zur Flora und Fauna, bei denen auch das Verhalten der Tiere bei Nacht und die Bedeutung des Schutzes vor Lichtverschmutzung zur Sprache kommen. Das örtliche Hotel Kardosfa hat seine Beleuchtung ganz an die Lichtschutzbestimmungen angepasst und eignet sich wunderbar für eine oder mehrere Übernachtungen. Wer vor oder nach seiner Reise in Ungarn auch Kroatien besucht, sollte sich auch das 1903 gegründete Observatorium in der Altstadt von Zagreb, den Popov Toranj (Priesterturm), ansehen. Das technische Museum Zagrebs besitzt ebenfalls ein Planetarium. Nahe an der Adriaküste liegt das Višnjan-Observatorium, mit dem Hunderte Asteroiden entdeckt wurden.

In der Mythologie der frühen Magyaren war der Nachthimmel ein großes, vom Baum des Lebens, der die obere mit der mittleren Welt verbindet, getragenes Zelt. In ihm sieht man die Sonne, den Mond und andere Himmelskörper der oberen Welt, die von Göttern und guten Seelen bewohnt wird. Die Sterne galten als Löcher im Zelt, durch die das Licht scheint. Auf der Spitze des Zelts saß der mythische Greif Turul. Archäoastronomen mühen sich darum, die vergessenen Mythen zu rekonstruieren.

Praktische Informationen

Reisezeit: Im Sternenpark Zselic kann man das Zodiakallicht sehen, einen schwachen Lichtkegel, der durch die Reflexion des Sonnenlichts an winzigen Eis- und Staubpartikeln im interplanetaren Raum in der Erdbahnebene entsteht. Das Zodiakallicht ist besonders oft im Frühjahr und Herbst zu beobachten.

Infos im Internet: *http://zselicicsillagpark.hu*

Jökulsárlón

ISLAND

In vielerlei Hinsicht ist Island ein Traumziel für Reisende, die sich einmal fühlen wollen, als hätten sie die Erde verlassen. Die Insel diente dank ihrer von Gletschern und Vulkanen im Lauf von Jahrtausenden gebildeten geologischen Formationen auch schon als Filmkulisse für außerirdische Welten, z. B. in *Interstellar* (2014). Überall stößt man auf Orte, die einen in Staunen versetzen und Ehrfurcht für unseren Planeten wecken.

Einer dieser Orte ist der Gletschersee Jökulsárlón im Südosten Islands zwischen dem Rand des Gletschers und der Atlantikküste. Der riesige See entstand, als sich der Breiðamerkurjökull, eine Gletscherzunge des Vatnajökull, zurückzog und ist bei der Fahrt auf der Ringstraße rund um Island leicht zu erreichen. Der See wirkt zwar, als gäbe es ihn seit der letzten Eiszeit, tatsächlich aber hat er sich erst in den letzten rund 80 Jahren gebil-

© Franckreporter / Getty Images; © Myron Standret / Alamy Stock Photo

det. Traveller halten oft an, um Fotos der mächtigen Eisberge zu machen, die das ganze Jahr über auf dem See schwimmen. Tagsüber können Besucher die hinreißenden Eishöhlen am Vatnajökull erkunden, die tolle Fotomotive darstellen und einen Eindruck von der Gewalt geben, mit der die Gletscher Island geformt haben. Tagsüber kann man Bootstouren auf dem Jökulsárlón unternehmen.

Der Jökulsárlón ist auch ein beliebtes Ziel, wenn man an der isländischen Südküste Polarlichter sehen will. Doch auch wenn sich keine Nordlichter zeigen, kann man hier immer noch gut die Sterne beobachten. In aller Regel sind die Milchstraße, die Planeten und Meteore gut zu sehen. Und wie in allen Lichtschutzgebieten in der Nähe

Links: Nordlicht über dem Gletschersee Jökulsárlón; rechts: der Gletschersee unter der Milchstraße

von Gewässern sieht man hier bei günstigen Bedingungen die Spiegelbilder der Sterne zwischen den Eisbergen auf dem Gletschersee. Am Jökulsárlón gibt's keine eigentlichen Sternenbeobachtungstouren, angesichts der praktischen Lage an der Ringstraße kann man hier bei einem Besuch der Gegend aber problemlos auf eigene Faust Sterne beobachten. Man bewundert den Nachthimmel über den Eisbergen, die auf ihrem bis zu fünf Jahre dauernden Weg zum Meer manchmal wieder festfrieren oder krachend umstürzen.

Die Sonnenfinsternis von 2026 wird über Island zu sehen sein. Reykjavík und Teile des westlichen Islands werden in der Totalitätszone liegen, während die Abdeckung am Jökulsárlón nur etwa 97 % betragen wird. Daher benötigt man auch auf dem Höhepunkt der Finsternis unbedingt einen Augenschutz und eine Ausrüstung, die Sicherheit beim Blick Richtung Sonne gewährt. Wer die partielle Sonnenfinsternis am Jökulsárlón beobachten will, wird an dem gewaltigen, bis zu 250 m tiefen See auf jeden Fall großartige Fotos machen können.

Praktische Informationen

Reisezeit: Um am Jökulsárlón Sterne zu beobachten oder das Nordlicht zu sehen, muss man während der dunkleren Monate kommen oder sehr lange aufbleiben.

Infos im Internet: *http://icelagoon.is*

Gunung Bromo

INDONESIEN

Der im feurigen Herzen Ostjavas gelegene Bromo gilt als eine der Top-Attraktionen Indonesiens. Besucher klettern in der Nähe des aktiven Vulkans, um das Farbenspiels des Himmels beim Sonnenaufgang zu bewundern und die Caldera und weitere aktive Vulkane zu erkunden. Der Gunung Bromo liegt im ca. 777 km^2 großen Nationalpark Bromo-Tengger-Semeru, in dem sich fünf Vulkane und das Tengger-Sandmeer befinden. Tagsüber kann man im Park wandern oder eine Geländewagentour buchen, um sich die faszinierenden geologischen Formationen anzusehen.

Seit hier Astronomen die Milchstraße, die Andromedagalaxie und die Magellanschen Wolken studieren und Astrofotografen die Himmelserscheinungen fotografieren, bekommt der Bromo allmählich den Ruf, ein wundervoller Ort für Sternenbeobachtungen zu sein. Der weniger als 10 ° südlich des Äquators gelegene Vulkan und die umliegende Region eignen sich auch gut, wenn man den südlichen Nachthimmel und Meteorströme wie die Südlichen Tauriden sehen will.

Anders als an anderen dunklen Orten, wo es ausgewiesen Stellen und geplante astronomische Aktivitäten gibt, ist man beim Sternebeobachten am Gunung Bromo weitgehend auf sich allein gestellt. Traveller sollten flexibel sein, sich auf sich änderndes Wetter einstellen und nach dem Beginn des Aufstiegs auf den Berg mit kühleren Temperaturen rechnen. Gelegentlich sind Teile des Nationalparks und der Bromo wegen vulkanischer Aktivität gesperrt, ein Risiko, das seiner Lage im Pazifischen Feuerring zu verdanken ist. Bevor man nachts wandert, sollte man daher bei der Parkverwaltung nachfragen. Wer frühmorgens Sterne beobachtet, kann vom Gunung Penanjakan, einem beliebten Aussichtspunkt mit dem Bromo im Vordergrund, den Sonnenaufgang genießen. Besucher können ihre Reise auch auf die jährliche Yadnya-Kasada-Zeremonie abstimmen, ein Opfer des Volks der Tengger an den Berg gemäß einer Legende des Königreichs Majapahit, von dem die Tengger abstammen.

Von oben im Uhrzeigersinn: Meteorstrom über dem Nationalpark Bromo-Tengger-Semeru; der Gunung Bromo unter der Milchstraße; Besuch des Bromo per Geländewagen

© Withaya Prasongsin / Alamy Stock Photo; © Nuttawut Uttamaharad / Alamy Stock Photo; © Aws Zuhair / Alamy Stock Photo

Wenn man außer ins östliche auch ins westliche Java reist, sollte man einen Besuch im Bosscha-Observatorium am Stadtrand von Bandung einplanen. Das Bosscha-Observatorium ist die wichtigste Sternwarte Indonesiens und hat fünf Teleskope, darunter einen Zeiss-Doppelrefraktor mit zwei Objektivlinsen von 61 cm Durchmesser. Auf der Website der Sternwarte kann man einen Besuch buchen. Bandung ist dreieinhalb Fahrtstunden von Jakarta entfernt, wo die meisten Flüge starten und landen.

Praktische Informationen

Reisezeit: Der Sommer ist die Hauptsaison mit den trockensten Monaten des Jahres, sodass mit klaren, dunklen Nachthimmeln gerechnet werden kann. Im September beginnen die nächtlichen Temperaturen zu fallen.

Infos im Internet: *www.indonesia.travel/gb/en/destinations/java/bromo-tengger-semeru-national-park/mount-bromo*

Kerry Dark Sky Reserve

IRLAND

Oben links: der Steinkreis von Uragh, Gleninchaquin; oben rechts: die felsige Küste an der Coumeenoole Bay nahe Slea Head

Zwischen den felsigen Nordatlantikstränden und den Bergen von Kerry bahnt sich die Panoramastraße Ring of Kerry an Irlands Westküste ihren Weg durch ein Gebiet, in dem der Nachthimmel so dunkel ist wie fast nirgendwo sonst in der nördlichen Hemisphäre. Hier liegt das 2014 von der International Dark-Sky Association anerkannte Kerry Dark Sky Reserve.

Reisende, die auf dem Ring of Kerry oder dem Wild Atlantic Way fahren, um sich die Burgen und faszinierenden Steinkreise anzuschauen, wissen oft nicht, dass sie sich ganz in der Nähe eines hervorragenden Lichtschutzreser-

© David Epperson / Getty Images; © Pete Seaward

vats befinden. Die ländliche Landschaft trägt mit ihrer Schönheit auch dazu bei, den dunklen Himmel zu erhalten. Das Kerry Dark Sky Reserve umfasst rund 699 km^2 mit mehreren kleinen Gemeinden. Insgesamt gibt es in der Kernzone kaum Lichtverschmutzung, nicht einmal von der nur 64 km entfernten Stadt Killarney. Nachts haben hier selbst kundige Astronomen Schwierigkeiten, inmitten der vielen Sterne die Sternbilder zu erkennen.

Das Kerry Dark Sky Reserve ist eines der besten Beispiele für eine Himmelsbeobachtungsgegend, die sich des Reizes bewusst ist, den ein dunkler Himmel für Besucher darstellt. Neben Touren bei Tage, die sich der Natur, der Geografie und der Geschichte der Grafschaft widmen, bietet das Kerry Dark Sky Reserve auch ausgebildete, auf Sternenbeobachtungen spezialisierte Führer. Sie zeigen die Sternbilder und informieren über die moderne Astronomie sowie die Beobachtung des Himmels durch jungsteinzeitliche Kulturen, die bei der Aufstellung vieler Steinkreise und bei vielen Ruinen überall in der zauberhaften Grafschaft Kerry eine Rolle spielte.

Die Touristeninformation des Kerry Dark Sky Reserve in Dungeagan hält Material und Informationen zu über 20 Parkplätzen im Schutzgebiet bereit, von denen aus man leicht die Sterne beobachten kann.

Wer vom Kerry Dark Sky Reserve auf dem Wild Atlantic Way gen Norden fährt, sollte unbedingt im Ballycroy National Park und in der Wild Nephin Wilderness an der Bay Coast stoppen. 2016 wurden diese beiden Schutzgebiete zusammen zum Mayo Dark Sky Park ernannt. Tagsüber kann man mehr über diese einmalige Torfmoor-Landschaft erfahren und nachts den Blick in den Himmel vom Claggan Mountain Boardwalk oder der Schutzhütte Letterkeen Bothy genießen. In klaren Nächten sind 4500 Sterne zu erkennen.

Praktische Informationen

Reisezeit: Regen und Wolken sind in diesem Teil Irlands häufig. Die Monate Juli bis Ende September bieten die besten Chancen auf einen klaren Himmel.

Infos im Internet: *http://kerrydarksky.com*

Machtesch Ramon

ISRAEL

Der Machtesch Ramon wird zwar gelegentlich als Ramon-Krater bezeichnet, doch diese geologische Erscheinung in der Wüste Negev ist gar kein „richtiger" Krater. Die Senke entstand nicht durch einen Meteoriteneinschlag oder einen Vulkanausbruch, sondern im Lauf von Jahrmillionen durch Erosion. Einst war das Gebiet von Meer bedeckt, später formten Ströme in der Aravasenke den heutigen Erosionskrater. Da der Machtesch Ramon im weniger erschlossenen Teil des israelischen Südens liegt, bietet er wegen geringer Lichtverschmutzung sehr gute Möglichkeiten zur Sternenbeobachtung. 2017 wurde er zum Dark Sky Park erklärt und ist damit der erste Sternenpark im Nahen Osten.

Als weltweit größter Erosionskrater und Israels größter Nationalpark ist der Machtesch Ramon ein wunderbarer Ort, um die einmalige Flora und Fauna der Region, zu der Füchse, Gazellen, Leoparden und Halbesel zählen, zu erkunden. Das Besucherzentrum im Ort Mitzpe Ramon ist der Startpunkt für Touren in den Machtesch, darunter auch zur kleinen Anlage Bio-Ramon, wo man einige der wildlebenden Arten aus der Nähe sehen kann. Das auf der Kante des Machtesch thronende Besucherzentrum hat hilfsbereites Personal, das kenntnisreich alle Fragen zum Naturschutzgebiet, dessen Lebensräumen und Outdoor-Aktivitäten beantwortet. Der größte Teil des Museums ist eine Gedenkstätte für den israelischen Astronauten Ilan Ramon, der 2003 bei der Katastrophe des Space-Shuttles Columbia ums Leben kam. Der letzte Abschnitt und mehrere Filme sind der Geografie und Naturgeschichte des Machtesch gewidmet.

Im Park gibt's Wander- und Radwege, Stellen zum Klettern und Abseilen sowie Geländewagentouren durch die Wüste, die man auf eigene Faust oder mit einem Führer unternehmen kann. Ein einmaliges Erlebnis ist die Übernachtung auf dem Be'erot-Campingplatz im Herzen des Machtesch, bei der man viel über die Kultur der Beduinen erfährt und unter den Sternen schläft. Der Aufenthalt beinhaltet auch ein traditionelles Essen mit frischer Pita und süßem Tee.

Dank seines Wüstenklimas ist der Machtesch Ramon weitgehend uner-

Im und am Machtesch Ramon lebt eine beeindruckende Vielzahl von Tierarten.

© lukas bischoff / Alamy Stock Photo

schlossen, sodass es im gesamten Gebiet nur wenig Lichtverschmutzung und einen dunklen Nachthimmel gibt. Ob man allein oder mit einem Führer unterwegs ist, es findet sich leicht ein Ort, von dem aus man die Sterne, die Milchstraße und die sichtbaren Planeten beobachten kann. Einige Tourveranstalter in Mitzpe Ramon bieten auch abendliche Sternenbeobachtungstouren, wenn man Erläuterungen zum Nachthimmel haben möchte. Wer hier in die Sterne blickt, wird sich bewusst, dass vom gleichen Ort aus Beduinen schon seit Jahrhunderten gen Himmel schauen, um sich zu orientieren.

Noam Leader, der Chefökologe der israelischen Natur- und Parkbehörde, erklärt: „Für die meisten Besucher ist der Anblick eines klaren Nachthimmels mit wundervollem Blick auf die Milchstraße und Tausende Sterne ein seltenes Erlebnis, das sie zu Hause wegen der Lichtverschmutzung nicht genießen können. Das Wissen, dass ein solcher Anblick zunehmend zur Seltenheit wird, stellt uns vor die Herausforderung, ihn zu erhalten. Besucher, die den hiesigen Nachthimmel erlebt haben, können sich zu Hause fragen, wie in ihrer Umgebung der Himmel verloren ging, und daran mitarbeiten, diesen Zustand zu ändern."

Praktische Informationen

Reisezeit: Die heißen Tage und kühlen Nächte sind ideal, um draußen zu campen und die Sterne zu beobachten. Man darf hier aber nie vergessen, genug zu trinken.

Infos im Internet: *www.parks.org.il*

Iriomote-Ishigaki Kokuritsu Kōen

JAPAN

In Japans südlichster Präfektur Okinawa tief im Ostchinesischen Meer bilden die Yaeyama-Inseln Iriomote, Ishigaki, Kohama, Kuro und Taketomi den Iriomote-Ishigaki-Nationalpark. Diese Inseln sind nur per Flugzeug oder Fähre erreichbar und liegen näher bei Taiwan als bei Japan. Im Jahr 2018 wurde der Nationalpark auch wegen seiner Abgelegenheit und der vergleichsweise sehr geringen Erschließung zum ersten Dark Sky Park Japans ernannt. Iriomote-jima liegt zwar nur 20 km westlich von Ishigaki-jima, ist aber so etwas wie Japans letzte Grenzregion. Dichter Dschungel und Mangrovensümpfe bedecken mehr als 90 % dieser Insel, und um sie herum erstrecken sich einige der schönsten Korallenriffe in Japan. Aus diesen Gründen ist die Insel Iriomote ein erstklassiges Reiseziel für japanische Naturfreunde.

Besucher des Iriomote-Ishigaki-Nationalparks treffen hier auf abwechslungsreiches Terrain und einmalige Tier- und Pflanzenarten. Taucher und Schnorchler freuen sich vor allem über die vielen Fische in den tropischen Gewässern. Einige der im Park geschützten Arten kommen nur hier vor, darunter die Yaeyama-Palme und die nachtaktive Iriomote-Katze. Auf Ishigaki kann man zum Berg Omoto wandern und einige malerischen Wasserfälle erkunden. Ferner kann man durch Mangrovenwälder paddeln und mit dem Boot zu Korallenriffen fahren und dort schnorcheln.

Es gibt zwar menschliche Siedlungen auf den Yaeyama-Inseln, doch insgesamt leben nur 55 000 Menschen auf der 591 km^2 großen Landfläche, und zwar vor allem auf Ishigaki. So kann man dort tagsüber in die Kultur eintauchen und nachts auf einer der anderen, weit weniger erschlossenen Inseln den dunklen Nachthimmel genießen. Im Zuge der Bemühungen, den Status eines Dark Sky Park zu erhalten, wurde die Lichtverschmutzung durch insgesamt weniger Beleuchtung und den Einsatz anderer Leuchtkörper verringert, sodass der Nationalpark heute zu den Orten mit den dunkelsten Nachthimmeln in Japan gehört.

Wer in den Iriomote Ishigaki Kokuritsu Kōen reist, kann auch einen Zwischenhalt zum Besuch eines oder beider japanischer Weltraumbahnhöfe einlegen. Das Tanegashima Space Center und das Uchinoura Space Center, beide im Süden Japans, sind an Tagen ohne Raketenstarts öffentlich zugänglich. Dort kann man mehr über die Japan Aerospace Exploration Agency (JAXA) und die japanischen Weltraumprojekte erfahren.

Praktische Informationen

Reisezeit: Der Iriomote-Ishigaki-Nationalpark und die Yaeyama-Inseln bieten das ganze Jahr über ein mildes Klima. Regen und Wolken sind im Winter häufiger, vom Spätsommer bis weit in den Herbst hinein kann man öfter mit wolkenlosem Himmel rechnen.

Infos im Internet: *www.env.go.jp/en/nature/nps/park/iriomote*

Die Milchstraße und der Uganzaki-Leuchtturm in einer klaren Nacht

Wadi Rum

JORDANIEN

Das tief in der Arabischen Wüste gelegene Schutzgebiet Wadi Rum wirkt wie eine Marslandschaft. Rostrote Sanddünen verbreiten sich über Täler, die von massiven roten Felsen eingefasst werden. Wer einmal den Mondaufgang über dieser schönen, kargen Landschaft erlebt hat, versteht, warum das Wadi Rum auch als Wadi al-Qamar („Tal des Mondes") bezeichnet wird.

Das Wadi Rum und die umliegende Region sind wenig für eine dauerhafte Ansiedlung geeignet. Jordanische Beduinen leben hier seit Jahrhunderten als Nomaden, aber ansonsten ist das Gebiet vergleichsweise unerschlossen und daher auch nicht von Lichtverschmutzung betroffen. Das macht es zu einem hervorragenden Reiseziel zur Beobachtung des winterlichen Nachthimmels, an dem u. a. das Sternbild Orion und der hellste Fixstern am Himmel, der Sirius, ins Auge fallen.

Im Wadi Rum, einer Station auf fast jeder Jordanien-Reise, kann man ein traditionelles Mahl genießen, in einem nachgebauten Beduinenzelt übernachten, auf einem Kamel reiten und mit einem Geländewagen durch die Wüste fahren. Heiße Tage wechseln mit kühlen Nächten, und schon ein paar Schritte abseits der beleuchteten Wege kann man die Sterne am tintenschwarzen Nachthimmel bewundern.

Die am meisten „außerirdisch" wirkende Unterkunft hier ist das Sun City Camp, wo in Partnerschaft mit einem europäischen Architekten „marsianische" geodätische Kuppeln errichtet wurden. Die von der Landschaft und dem in dieser Gegend gedrehten Film *Der Marsianer – Rettet Mark Watney* (2015) inspirierten Kuppeln bieten Besuchern die Gelegenheit, beim Einschlafen in die Sterne zu blicken.

Das Wadi Rum liegt rund 97 km südlich der archäologischen Stätte Petra, Jordaniens berühmter „roter Stadt", so benannt nach der Farbe der Felsen. In Petra lassen sich zwar die Sterne nicht so leicht beobachten wie im Wadi Rum, aber die Führung „Petra bei Nacht" ist ideal für alle Traveller, die Zeit unter den Sternen verbringen und dabei etwas über die örtliche Folklore und Geschichte erfahren wollen.

Von oben im Uhrzeigersinn: die Milchstraße über dem Wadi Rum; Kerzen vor dem Khazne al-Firaun in Petra; das Wadi Rum bei Tag

Das Wadi Rum ist Jordaniens beliebtester Film-Drehort. Berühmt und dann zum Touristenziel wurde es als Schauplatz in „Lawrence von Arabien" (1962). In jüngerer Zeit war das Tal ein bevorzugter Drehort von Science-Fiction-Filmen, u. a. von „Red Planet" (2000), „Der Marsianer – Rettet Mark Watney" (2015) und „Rogue One: A Star Wars Story" (2016).

Praktische Informationen

Reisezeit: Das beste Wetter in Jordanien ist in den Monaten November, Februar und März zu erwarten. Die Tage im Wadi Rum sind zwar heiß, die Nächte können aber kühl werden. Man sollte also, wenn man hier in die Sterne blicken will, warme Kleidung mitbringen.

Infos im Internet: *http://international.visitjordan.com/Wheretogo/Wadirum.aspx*

Erg Chebbi

MAROKKO

Wer in Nordafrika nach einem dunklen Himmel sucht, findet in Marokko ein ideales Ziel. Man erlebt ein einladendes Land mit einer bunten Mischung nahöstlicher, europäischer und afrikanischer Einflüsse. Bei einer Rundreise durchs Land, von den großen Küstenstädten bis in die trockene Landschaft der Sahara-Ausläufer, bietet sich auch die Gelegenheit, in die Sterne zu blicken. Der Erg Chebbi und sein belebtes Zentrum Merzouga sind wundervoll, um einen Kamelritt zu unternehmen und etwas über das traditionelle Leben in der Wüste zu erfahren, aber auch, um den Blick auf die Sterne zu genießen. Marokko hat eine stolze Vergangenheit als Zentrum der mittelalterlichen islamischen Astronomie. Aber auch heute gibt es hier astronomische Einrichtungen wie das Morocco Oukaïmeden Sky Survey (MOSS) in den Bergen des Hohen Atlas.

Links: Kamelkarawane in den Sanddünen der Sahara in Marokko; rechts: Die Milchstraße über der Wüste

© Yongyut Kumsri / Shutterstock; © dubassy / Alamy Stock Photo

Der Ort Merzouga liegt weit im Binnenland nahe der algerischen Grenze. Das bedeutendste landschaftliche Merkmal der Region ist der Erg Chebbi, ein Meer aus Sanddünen. Die meisten Besucher kommen im Rahmen einer Marokko-Rundreise nach Merzouga; wer auf eigene Faust reist, gelangt von Marrakesch nach einer neunstündigen Fahrt in den Ort. Vor Ort kann man geführte Touren zum Sandboarden, Wüstenbuggy- und Quadtouren sowie Kamelritte in den Erg Chebbi buchen.

Manche Tourveranstalter bieten auch Exkursionen, die sich auf Sternenbeobachtung konzentrieren; man übernachtet dabei in Wüstencamps und hat von dort aus Gelegenheit, sich den Nachthimmel anzuschauen. Einige der Touren werden von fachkundigen Guides begleitet; manchmal werden auch Teleskope bereitgestellt. Der Himmel über dem Erg Chebbi ist immer noch unglaublich dunkel, und die Wüste bietet eine gute Gelegenheit, die Milchstraße zu bewundern, da der Blick in alle Richtungen unverstellt ist. Anschließend kann man im Hotel SaharaSky bei Zagora übernachten, das ein Observatorium hat.

Als eine wohlhabende Familie einer armen Frau und ihrem Sohn die Gastfreundschaft verweigerte, erzürnte Gott und begrub die Familie unter den Sanddünen des Erg Chebbi. So lautet die Ursprungssage zu den Dünen, die sich majestätisch über den Zwillingsorten Merzouga und Hassi Labied erheben, die für viele Reisende ihr Wüstentraumziel in Marokko sind. Die Schönheit des Erg Chebbi und die leichte Erreichbarkeit von Merzouga führen allerdings zu immer weiter steigenden Besucherzahlen.

Praktische Informationen

Reisezeit: Marokko ist im Sommer sehr heiß, aber im Winter sind die Nächte in der Wüste kalt. Die besten Reisezeiten sind das Frühjahr (März bis Mai), wenn die Wüstenoasen in Blüte stehen, oder der Herbst (Sept.–Okt.)

Infos im Internet: *http://moss-observatory.org/*

NamibRand Nature Reserve

NAMIBIA

Wüsten und trockene Regionen gehören zu den besten Orten, wenn man von der Erde aus Sterne beobachten will. Die Lebensbedingungen sind rau, was die menschliche Besiedlung und damit die Lichtverschmutzung begrenzt. Im NamibRand Nature Reserve sorgen Schutzbestimmungen dafür, dass es hier international anerkannt den wohl dunkelsten Himmel im südlichen Afrika gibt.

Das NamibRand Nature Reserve, eine private Naturschutzinitiative, wurde 1984 von Johann Albrecht Brückner geschaffen. Der erfolgreiche Geschäftsmann begann, Farmland im Namib-Naukluft National Park aufzukaufen. In Zusammenarbeit mit an-

Unten: Zebra in der Wüstenlandschaft des NamibRand Nature Reserve in Namibia; rechts: die Wüste Namib bei Nacht

© Felix Lipov / Alamy Stock Photo; © Jacob Le Roux / Alamy Stock Photo

deren Farmbesitzern setzte er sich erfolgreich dafür ein, das Land in ein Naturschutzgebiet umzuwandeln. Heute stehen in dem privaten Reservat mehr als 215 000 ha der namibischen Wüste und Savanne unter Schutz. Tagsüber können Besucher südafrikanische Tierarten wie Zebras, Springböcke, Kudus oder Hyänen bestaunen, besonders gut bei geführten Safaris unter der Leitung von Einheimischen.

Das NamibRand Nature Reserve hatte ursprünglich das Ziel, die Flora und Fauna des einzigartigen Ökosystems zu schützen, es setzt sich inzwischen aber auch für den dunklen Himmel ein. 2012 wurde das Reservat, in dem alle Baumaßnahmen Lichtschutzauflagen genügen müssen, als Dark Sky Reserve zertifiziert.

Im NamibRand gibt's für Traveller im Wesentlichen drei Unterkunftsoptionen, darunter die äußerst luxuriöse Sossusvlei Desert Lodge. Dank einem Observatorium mit einem 30-cm-Teleskop und einem ansässigen Astronomen, ist diese gehobene Lodge einer der besten Orte weltweit für Sternenbeobachtungen. Mehrere Tourveranstalter informieren bei ihren Führungen durch das Reservat auch über Astronomie. Im Reservat befindet sich zudem ein lohnendes umweltdidaktisches Informationszentrum, das Namib Desert Environmental Education Trust Centre (NaDEET).

Murray Tindall, der Lichtschutzbeauftragte des NamibRand Nature Reserve, weiß, dass es keiner besonderen Gelegenheit bedarf, um in der Namib eine herrliche Nacht mit Sternenbeobachtungen zu erleben. Tindall achtet darauf, dass die Lichtschutzbestimmungen im Reservat eingehalten werden und verbringt daher viel Zeit damit, den dunklen Himmel zu genießen: „Zuzusehen, wie der Vollmond über der Wüstenebene aufsteigt, ist ein Erlebnis, das nie zur Routine wird. Genauso eindrucksvoll ist es, sich auf dem Boden niederzulassen und die Sternschnuppen zu zählen."

Praktische Informationen

Reisezeit: Am wärmsten und feuchtesten ist es zwischen Dezember und April. Für die Beobachtung von Wildtieren eignen sich besonders gut die trockenen Monate zwischen Mai und Oktober.

Infos im Internet: *www.namibrand.com*

Nationaal Park Lauwersmeer

NIEDERLANDE

Oben links: Windmühle Meervogel bei Sonnenuntergang; oben rechts: Wattenmeer bei Moddergat

Als das am dichtesten besiedelte Land der EU gehören die Niederlande zu den am stärksten von Lichtverschmutzung betroffenen Ländern der Welt, aber trotzdem findet sich hier auch einer der schönsten Orte, um den Nachthimmel in Westeuropa zu bewundern: der Nationalpark Lauwersmeer. Der Schutz vor Lichtverschmutzung stand zwar nicht auf der Agenda, als der Nationalpark gegründet wurde, aber da die geografische Lage Erschließungen erschwert, bot sich für die Niederlande die Chance, an der Nordküste eine Enklave der Dunkelheit zu schaffen.

Das Lauwersmeer ist ein durch Eindeichung entstandener künstlicher See nahe dem Wattenmeer der Nordsee, das inzwischen eine UNESCO-Welterbestätte ist. Der See wurde 1969 geschaffen, um der Gezeitenzone

Land abzugewinnen, und hat sich inzwischen zu einem Naturschutzgebiet entwickelt. Der schwammartige, weiche Boden, der hervortrat, als die Region entwässert wurde, war zur Besiedlung schlecht geeignet, aber ideal für Vögel, andere Tiere und Pflanzen. 2003 wurde das Lauwersmeer zum Schutz der in dem Gebiet lebenden Spezies zum Nationalpark und 2016 auch zu einem Dark Sky Park erklärt.

Tagsüber sind die Besucher von den vielen Vögeln beeindruckt, die im Nationalpark Lauwersmeer leben. Vogelbeobachter kommen das ganze Jahr auf ihre Kosten, vor allem aber zur Zeit der Zugvögelschwärme im Frühjahr und Herbst. Besucher können im Park außerdem diverse Orchideenarten bewundern; auch Füchse, Rinder und Pferde leben in dem Gebiet.

Sobald die Sonne untergeht, sieht man am Himmel, was der Nationalpark nachts zu bieten hat. Der Park ist zwar weniger als zwei Autostunden von Amsterdam entfernt, aber die Lichter der Stadt sind hier nicht sichtbar. In den warmen Monaten kann man die Milchstraße und in Winternächten bei besonders günstigen Bedingungen sogar Polarlichter sehen. Sternenbeobachtungen auf eigene Faust sind im Nationalpark Lauwersmeer möglich, und Staatsbosbeheer, die staatliche niederländische Forstverwaltung, arrangiert auch Events zur Beobachtung von Sternen und Meteorströmen. Hier präsentiert sich die Natur unverfälscht, und der Himmel spiegelt sich auf der Wasserfläche. Der Park ist ein prächtiges Naturrefugium mit dunklem Himmel mitten in Westeuropa.

Wie Jaap Kloosterhuis, ein Parkranger im Nationalpark Lauwersmeer erläutert, schloss der Park kürzlich eine Vereinbarung mit dem Fachbereich Astronomie der nahen Rijksuniversiteit Groningen. „Gemeinsam organisieren wir Sternenbeobachtungs-Abende, an denen Astronomiestudenten ihre Teleskope mitbringen und über Sterne, Planeten und andere Himmelsphänomene sprechen", erklärt Kloosterhuis. „Wir hoffen, die Zusammenarbeit in naher Zukunft ausbauen und eine Sternwarte errichten zu können."

Praktische Informationen

Reisezeit: Das Frühjahr und der Herbst sind wegen der angenehmen Temperaturen und der Möglichkeit, Schwärme Hunderter von Zugvogelarten zu erleben, die beste Zeit für einen Besuch.

Infos im Internet: *www.np-lauwersmeer.nl*

Aoraki/Mackenzie Dark Sky Reserve

NEUSEELAND

In den frühen Tagen der Menschheitsgeschichte hatte der Nachthimmel zentrale Bedeutung im Kulturgut und dem religiösen Leben. Vor der Einführung von künstlichem Licht waren die Sterne das wichtigste, allen jede Nacht zugängliche Schauspiel; die Geschichten über Sterne, Sternbilder und andere Himmelsphänomene waren fast so zahlreich wie die Sterne. Das gilt ganz besonders für die Maori in Neuseeland, die nicht nur ein komplexes Wissen über den Nachthimmel besaßen, sondern die Sterne auch zur Navigation ihrer Boote nutzten.

Dank seiner Geschichte ist Neuseeland schon lange eine Anlaufstelle für Astronomen und zunehmend auch für Astrotouristen. Das Aoraki/Mackenzie Dark Sky Reserve im Herzen der Südinsel ist einer der landesweit besten Orte, um den Nachthimmel zu studieren. Das aus dem Aoraki/Mt. Cook National Park und dem Mackenzie-Becken bestehende Dark Sky Reserve wurde 2012 zertifiziert, um die Anstrengungen zum Schutz vor Lichtverschmutzung fortzuführen, die hier schon in den 1980er-Jahren einsetzten.

Tagsüber zählen Wandern und Klettern zu den beliebten Aktivitäten im Aoraki/Mackenzie Dark Sky Reserve. Beliebt sind auch Bootsfahrten auf dem Lake Tekapo und dem Lake Pukaki. Nachts strömen die Besucher zum Mt. John University Observatory, um die Sterne zu beobachten; in klaren Winternächten zeigen sich ab und zu auch Südlichter. Die von der University of Canterbury in Christchurch betriebene Einrichtung veranstaltet Nachthimmeltouren und ermöglicht dank ihrer vielen Teleskope Sternenbeobachtungen. Sie hat u. a. ein der Forschung vorbehaltenes Teleskop mit einem Durchmesser von 1,8 m und auch eines, das exklusiv Touristen zur Verfügung steht. Touren müssen vorab über den Tourveranstalter Earth & Sky gebucht werden; die Ausflüge beginnen im nahen Ort Lake Tekapo.

Von oben im Uhrzeigersinn: Mt. John University Observatory; Blick auf den Aoraki/Mt. Cook; ein Traveller am Gletschersee Tasman Lake

Steve Butler ist ein Verfechter von Lichtschutzmaßnahmen, der am Zertifizierungsprozess für das Aoraki/Mackenzie Dark Sky Reserve beteiligt war. Er erinnert sich, wie er Gästen, u. a. Politikern, den Nachthimmel über dem Gebiet präsentierte. „Es war sehr schön, wie sie die Weite des Nachthimmels beeindruckte", erklärt Butler. „Sie meinten, dieses Erlebnis helfe, den Alltag ins richtigen Verhältnis zu setzen." Mit der Royal Astronomical Society of New Zealand arbeitet Butler daran, die Lichtverschmutzung auch außerhalb von Lichtschutzgebieten zu vermindern.

Praktische Informationen

Reisezeit Die Wintermonate (Mai–Aug.) bieten beste Chancen, den Nachthimmel und Polarlichter zu sehen.

Infos im Internet: *https://mackenzienz.com*

Aotea (Great Barrier Island)

NEUSEELAND

Das vor der Küste der neuseeländischen Nordinsel gelegene Great Barrier Island (oder Aotea in der Sprache der Maori) weist dank geringer menschlicher Besiedlung wenig Lichtverschmutzung und jenen dunklen Himmel auf, der sich nur auf Inseln findet. Fast 60 % der Insel werden von der neuseeländischen Naturschutzbehörde verwaltet und sind tagsüber und nachts als Naturgebiet geschützt.

Die Insel ist eines von weltweit nur fünf Dark Sky Sanctuaries, der höchsten Zertifizierungsstufe eines Lichtschutzgebiets. Sie gilt weithin als einer der besten Orte in der südlichen Hemisphäre, um einen nicht durch künstliche Beleuchtung beeinträchtigten Nachthimmel zu studieren. Besucher verbringen hier in der Regel die Tage mit Wanderungen und übernachten in Zelten oder Hütten. Die Anreise nach Aotea (Great Barrier Island) ist nicht ganz einfach – die fehlende touristische Infrastruktur hält dafür aber den Himmel sauber. Zu den sehenswerten Himmelserscheinungen gehören das Kreuz des Süden und die Magellanschen Wolken, die beide nur auf der Südhalbkugel zu sehen sind.

Um bei der Orientierung zu helfen, bietet der örtliche Tourveranstalter Good Heavens einen „Dark Sky Ambassadors"-Service. Fachleute erläutern Phänomene am Nachthimmel wie den Sternenhaufen der Plejaden. Die sieben Hauptsterne sind den Maori als „die Schwestern" oder Matariki bekannt; ihr erstes Erscheinen über dem Horizont Ende Mai oder der erste darauffolgende Neumond markieren im Maori-Kalender den Beginn des neuen Jahres. In anderen Überlieferungen gilt Matariki als ein Mutterstern mit sechs um ihn versammelten Töchtern. Eigentlich gibt es Hunderte Sterne in diesem Sternenhaufen, aber nur sieben sind mit bloßem Auge sichtbar. Die Guides stellen Ferngläser und ein Teleskop zur Verfügung und veranstalten „Dark-Sky Dinners".

Von oben im Uhrzeigersinn: Zelt unter neuseeländischem Nachthimmel; das Kreuz des Südens; Port Fitzroy Wharf, Aotea (Great Barrier Island)

„Ich lebe seit 30 Jahren auf Aotea, und die Schönheit der Milchstraße beeindruckt mich nach wie vor", erklärt Izzy Fordham, die Vorsitzende des Aotea (GBI) Local Board. „Auf einer Insel abseits des Getümmels, ohne Straßenlaternen und Neonschilder, kann man in wolkenlosen Himmeln weit ins All hinaus schauen. Wir wissen, dass vielerorts auf der Welt die Milchstraße nicht mehr sichtbar ist, und wollen nicht, dass dies bei uns auch so wird." Dank des Status der Insel als Dark Sky Sanctuary werden auch künftige Generationen hier die Milchstraße bewundern können.

Praktische Informationen

Reisezeit: Der Winter (Juni bis Aug.) bietet kühle, klare Nächte für Sternenbeobachtungen; angemessene Ausrüstung mitbringen!

Infos im Internet: *www.greatbarrier.co.nz*

Yeongyang Firefly Eco Park

SÜDKOREA

Der nach den nachtaktiven Leuchtkäfern, zu deren Schutz er beiträgt, benannte Yeongyang Firefly Eco Park ist eine Insel der Dunkelheit im Lichtermeer der koreanischen Halbinsel. Wie in vielen Teilen Ostasiens haben die schnelle Erschließung und Verstädterung auch in Südkorea die Dunkelheit reduziert, sodass die Lichtverschmutzung hier so stark ist wie kaum irgendwo sonst auf der Welt. Der Yeongyang Firefly Eco Park liegt in einem Tal der ökologischen Landschaftsschutzzone des Wangpi-Flussbeckens im östlichen Südkorea; die Landschaftsschutzzone trug zum Erhalt der Dunkelheit bei. Der Kontrast zum hektischen, hypermodernen Seoul könnte extremer nicht sein.

Da nicht nur die Leuchtkäfer vom Verlust der Dunkelheit betroffen sind, wurde der Yeongyang Firefly Eco Park als erster Park in Asien im Jahr 2015 zum Dark Sky Park erklärt. Schon vor der offiziellen Anerkennung erfreute er sich bei Amateurastronomen wachsen-

Links: das Cheomseongdae-Observatorium; rechts: der N Seoul Tower mit der Milchstraße

© Xiquinho Silva; © nattanai chimjanon / Alamy Stock Photo

der Beliebtheit, weil das Gebiet eines der wenigen in Südkorea ist, wo man den Nachthimmel noch klar sehen kann. Der Park ist mit dem Bus zweieinhalb bis viereinhalb Stunden von Busan, Daegu oder Seoul entfernt; die fast 16 Mio. Einwohner dieser Städte, weitere Millionen in der umliegenden Region und auswärtige Besucher können also leicht für einen Tagesbesuch mit Übernachtung hierher reisen.

Im Park gibt es Unterkünfte, ein umweltpädagogisches Zentrum, eine Sternwarte und ein Planetarium. In der Sternwarte stehen fünf Teleskope zur Beobachtung der Milchstraße, von Galaxienhaufen, Nebelflecken und Planeten zur Verfügung – um die Leuchtkäfer zu sehen, braucht man natürlich kein Fernglas. Tagsüber sind Sonnenbeobachtungen möglich. Auf der Website des Ökoparks (auf Koreanisch) kann man sich für eine abendliche Sternenbeobachtung anmelden; wer kommen will, sollte eine solche Beobachtungssitzung vorab buchen.

Einen Zwischenstopp lohnt das Cheomseongdae-Observatorium in Gyeongju, das älteste erhaltene Himmelsobservatorium Asiens und eines der ältesten der weltweit. Der Steinturm wurde im 7. Jh. anscheinend gemäß dem astronomischen Kalender errichtet. Der Name Cheomseongdae bedeutet „Sternenbeobachtungs-Plattform". Dieses unglaubliche Relikt belegt, wie wichtig die Astronomie in der gesamten Menschheitsgeschichte war und immer noch ist.

Praktische Informationen

Reisezeit: Der Sommer (Juni bis Aug.) ist wegen des warmen Wetters und der Chance, die berühmten Leuchtkäfer zu beobachten, die beste Zeit für einen Besuch. Die leuchtenden Insekten sind besonders in den Sommermonaten aktiv, wenn die Tage und die Dämmerung länger sind. Um sie zu beobachten, muss man bereit sein, lange aufzubleiben.

Infos im Internet: *www.yyg.go.kr/np*

Albanyà

SPANIEN

Die im äußersten Nordosten Spaniens gelegene Gemeinde Albanyà steht normalerweise nicht auf touristischen Reiseplänen. Als erste international anerkannte und sowohl von der Starlight Foundation als auch von der International Dark-Sky Association zertifizierte Dark-Sky-Gemeinde Spaniens ist dieser Ort in Katalonien aber ein Muss für Astrotouristen.

Links: spanisches Bergdorf unter dem Nachthimmel; rechts: die Ruinen des Monestir de Sant Llorenç de Sous in Albanyà

Der Astrotourismus ist eines der wichtigsten Zugpferde, um Besucher nach Albanyà zu bringen, und die gesamte Gemeinde arbeitet mit, um Albanyà zu einem Ort zu machen, wo man den Nachthimmel bewundern kann. Im Ort leben kaum 200 Menschen, und die ländliche Gegend um ihn herum stellt sicher, dass der dunkle Nachthimmel erhalten bleibt. Bislang kommen vor allem Besucher aus anderen Gegenden Kataloniens hierher, um die Sterne zu bewundern, doch seit der Ausweisung als Dark Sky Park 2017 sind mehr Reisende zu erwarten.

Besucher sollten auch den Bassegoda Park außerhalb von Albanyà ansteuern. Dieser Campingplatz bietet viele Sternenbeobachtungs-Aktivitäten und abendliche Programme, die den Besuchern helfen, die Erscheinungen am Himmel besser zu verstehen. Jedes Jahr wird das astronomische Sommerangebot erweitert, um mehr Traveller anzulocken. Tagsüber kann man die umliegende Landschaft erkunden, im Pool relaxen und Kontakte zu anderen Sternenbeobachtern vor Ort knüpfen.

Das 2017 eröffnete und mit einem 40-cm-Teleskop ausgestattete Astronomische Observatorium von Albanyà ist noch eine Hauptattraktion für Traveller, die den Nachthimmel genießen wollen. Zu den weiteren beliebten Orten in der Gegend, an denen man auf eigene Faust die Sterne beobachten kann, gehören El Casalot und El Pla de la Bateria. Beide sind öffentlich zugänglich, es gibt aber keine astronomischen Events. Daher sind sie besser geeignet für Traveller, die sich gut mit dem Nachthimmel auskennen oder auch Astrofotografen, die abseits von Menschenmengen Fotos machen wollen. Albanyà bietet einen der sternenreichsten, am wenigsten von Lichtverschmutzungen betroffenen Himmel Kataloniens und ist ein ideales Ziel für Sternenbeobachtungen.

Wer kein Katalanisch oder Spanisch spricht, sollte im Sommer kommen, wenn es auch Veranstaltungen auf Englisch gibt, rät Pere Guerra, der Direktor des Astronomischen Observatoriums: „Unsere Sternenbeobachtungssitzungen sollen eine einmalige Sinneserfahrung bieten. Unser Team von Astronomen unter Leitung des Sternenfotografen Juan Carlos Casado nimmt die Teilnehmer mit auf eine Reise durch den Himmel, angepasst an die Beobachtungen, die man in der jeweiligen Jahreszeit und beim herrschenden Wetter machen kann."

Praktische Informationen

Reisezeit: Zwischen Mai und September sind die Temperaturen tagsüber und nachts angenehm, und man hat gute Chancen auf einen wolkenlosen Himmel für Sternenbeobachtungen.

Infos im Internet: *www.bassegodapark.com*

Brecon Beacons National Park

GROSSBRITANNIEN

Im Herzen des südlichen Wales erleben Besucher einen Mikrokosmos der walisischen Landschaft. Her können sie über sanft gewellte Felder streifen, Berge erklimmen, acht Jahrtausende menschlicher Geschichte erkunden und einen der dunkelsten Sternenhimmel Großbritanniens bewundern. Der Brecon Beacons National Park liegt nur eine einstündige Autofahrt von Cardiff entfernt, wirkt aber weltenweit der Zivilisation entrückt.

Die meisten Besucher des Nationalparks erkunden tagsüber die vielfältige Landschaft, in der sich vier Hügel- und Bergkämme befinden. Viele kommen zum Wandern hierher, wo Welsh-Mountain-Ponys und Schafe grasen. Inmitten der Hügellandschaft finden sich Seen und Wasserfälle sowie jungsteinzeitliche Ruinen und Menhire. Eine der größten Touristenattraktionen des Parks ist das Höhlensystem Dan yr Ogof.

Bei Nacht wölbt sich der unverstellte Sternenhimmel über dem Nationalpark, der seit 2013 ein Dark Sky Reserve ist, in dem die örtlichen Gemeinden den dunklen Himmel schützen. Hier kann man inmitten eines Steinkreises in die Sterne blicken oder am Rand einer Ortschaft außerhalb der Reichweite der lichtverschmutzungsarmen Lampen, die hier überall verwendet werden. In klaren Nächten kann man in der Regel die Milchstraße und die Andromedagalaxie sehen; in Nächten, in denen die Bedingungen besonders günstig sind, hat man hier auch Nordlichter beobachtet.

Die Cardiff Astronomical Society veranstaltet das ganze Jahr über Events, die Einheimische und Touristen einladen, die walisischen Nationalparks und den Nachthimmel zu genießen. Fans von Geschichte und Archäoastronomie locken die faszinierenden Steinkreise, die in Powys im Nationalparks gefunden wurden und die astronomisch ausgerichtet sein sollen.

Von oben im Uhrzeigersinn: Campen im Snowdonia Dark Sky Reserve; die Milchstraße über einem Menhir in Wales; ein Welsh-Mountain-Pony im Nationalpark

Brecon Beacons ist einer von drei Nationalparks in Wales. Zwei davon wurden zu Dark Sky Reserves erklärt; Brecon Beacons war dabei der erste. Der andere ist der drei Autostunden nördlich gelegene Snowdonia National Park. Auf dem Weg liegt noch ein Dark Sky Park, der Elan Valley Trust, sodass Wales ein tolles Ziel für eine Rundreise zum Sternebeobachten ist. Der dritte Nationalpark in Wales, der Pembrokeshire Coast National Park, ist eine Dark Sky Discovery Site. Wales hat weltweit einen der höchsten Prozentsätze von Gebieten, in denen der dunkle Himmel geschützt ist.

Praktische Informationen

Reisezeit: Außerhalb der Sommermonate muss man sich nachts auf kühlere Temperaturen und im Winter auf Schnee einstellen.

Infos im Internet: *www.breconbeacons.org*

Exmoor National Park

GROSSBRITANNIEN

Nationalparks können aus vielerlei Gründen geschaffen werden: um geologische Formationen zu erhalten, um Flora und Fauna zu schützen, um die Einwirkung des Menschen auf ein Gebiet in der bestehenden Form zu erhalten oder sie zu begrenzen. Der Exmoor National Park gehörte zu den ersten Nationalparks, die in den 1950er-Jahren aus allen (!) diesen Gründen ausgewiesen wurden. Die aus Mooren, Wäldern, Feldern und Strandklippen bestehende Landschaft wird von Menschen und Tieren seit über 8000 Jahren bewohnt. Wildlebende Rehe und Ponys streifen um Menhire und römische Ruinen, und oft sieht man wandernde Traveller. Klettern, Radfahren und Reiten sind weitere beliebte Arten, Exmoor zu erkunden, und die Besichtigung von Dunster Castle ist ein Muss.

Exmoor erhält aber auch Anerkennung für das, was Besucher nach Sonnenuntergang erleben können. Der Park wurde 2011 als erstes Dark Sky Reserve in Europa zertifiziert und gilt heute noch als dunkelster Ort in England zum Sternebeobachten. Aus dem ganzen Vereinigten Königreich reisen Menschen für Himmelsbeobachtungen nach Exmoor, und zunehmend kommen auch Ausländer. Im Rahmen eines 2017 eingeführten Festivals können Besucher jährlich Ende Oktober zwei Wochen lang eine Reihe nächtlicher Aktivitäten erleben, darunter Sternenpartys, Planetariumsshows, Meteorstrom-Safaris (die Orioniden erreichen in der Festivalzeit ihren Höhepunkt) und astronomische Vorträge.

In den Besucherzentren in den Ortschaften Dulverton, Dunster und Lynmouth kann man sich ein kleines Handbuch zur Sternenbeobachtung in Exmoor holen, das auch praktische Sternenkarten mit den wichtigsten Sternbildern enthält, die man in den jeweiligen Jahreszeiten sehen kann. Die Zentren bieten auch Teleskope zum Ausleihen, falls man tiefer ins All blicken möchte. Parkranger geben Ratschläge zu den besten Orten für Sternenbeobachtungen in Exmoor, zu denen einige der berühmten Hügel und Seen des Parks gehören.

Von oben im Uhrzeigersinn: die Milchstraße über dem Valley of the Rocks in Exmoor; ein Schaf in der violetten Heidelandschaft des Parks; auf dem Weg zum Valley of the Rocks

Ben Totterdell betreut das Bildungs- und Informationsprogramm des Exmoor National Park. Sicher seien die Astronomienächte ein tolles Angebot, sagt er, doch Besucher sollten auch kommen, wenn keine Events angesetzt sind: „Wie veranstalten Events, bei die Teilnehmer mit Teleskopen den Himmel über den Bereich hinaus, der mit bloßem Auge sichtbar ist, erkunden können. Aber noch schöner ist eigentlich die schlichte Freude, nach oben zu blicken und den Himmel über Exmoor zu bestaunen".

Praktische Informationen

Reisezeit: Exmoor bietet ganzjährig gemäßigtes, für Sternenbeobachtungen geeignetes Wetter. Wolken und Regen sind in den kühleren Monaten (Okt.–März) häufig, dazwischen gibt es aber auch immer wieder sternenklare Nächte.

Infos im Internet: *www.exmoor-nationalpark.gov.uk*

Galloway Forest Park

GROSSBRITANNIEN

Links: männlicher Sperber im Park; rechts: blühende Heide in den Hügeln von Galloway

Wie bei vielen Gebieten, die im 20. Jh. unter Schutz gestellt wurden, gehörte die Erhaltung des Nachthimmels über den Bergen, Hügeln, Tälern und Seen im Galloway Forest Park ursprünglich nicht zu den Zielen des Parks. Der von der Forestry Commission Scotland verwaltete Park wurde 1947 als natürliches, 774 km^2 großes Erholungsgebiet im südlichen Schottland für Besucher geschaffen, die hier wandern, mountainbiken oder auch eisklettern wollten.

Mit der Zeit wurde deutlich, dass der Galloway Forest Park Besuchern auch nachts etwas Besonderes zu bieten hatte, und so wurde er 2009 der erste ausgewiesene Dark Sky Park in

© smharperphotography / Alamy Stock Photo; © travellinglight / Alamy Stock Photo

Großbritannien. Seither wird die Kernzone des Parks noch stärker vor Lichtverschmutzung geschützt, indem dort keinerlei feste Beleuchtungsanlagen und Lichtquellen mehr vorhanden sind.

Der Galloway Forest Park ist ideal für Traveller, die den Park flexibel erleben und den Nachthimmel nach eigenem Belieben bewundern wollen. Drei Besucherzentren bieten Informationen zu Aktivitäten im Park und zu Aussichtspunkten. Das Besucherzentrum am Clatteringshaws Loch gilt als der beste Ausgangspunkt für Sternenbeobachtungen, da es nahe der dunklen Kernzone liegt. Campen ist im Galloway Forest Park gestattet, man kann sich also ein Plätzchen suchen und die Nacht im Park verbringen.

Der Trip lässt sich um einen Besuch im Scottish Dark Sky Observatory nahe der nördlichen Grenze des Parks erweitern. Hier kann man bei einem abendlichen Beobachtungs-Event die Sterne durch ein modifiziertes 51-cm-Dall-Kirkham-Teleskop und ein 36-cm-Schmidt-Cassegrain-Teleskop betrachten. Die Sternwarte bietet auch ein Planetarium für Besucher, die tagsüber kommen. Unbedingt in den Veranstaltungskalender des Observatoriums schauen, da für alle Events vorab reserviert werden muss und die Einrichtung nur an den Abenden geöffnet ist, an denen Events stattfinden. Eine weitere Option ist das nahe Selkirk Arms Hotel mit von Astronomen geleiteten Sternenbeobachtungswochenenden.

Wer nicht nach Schottland reisen kann, um den dunklen Himmel über dem Galloway Forest Park zu erleben, kann mithilfe neuster Technik auch von fern einen Eindruck davon bekommen. VisitScotland, das offizielle schottische Tourismusamt hat eine Virtual-Reality-App geschaffen, die auch den dunklen Himmel im Galloway Forest Park beinhaltet.

Praktische Informationen

Reisezeit: Wie bei anderen Lichtschutzgebieten in Großbritannien sind die Sommermonate (Mai–Aug.) dank warmem Wetter und klarem Himmel die beste Zeit für einen Besuch. Allerdings sind die Nächte im Sommer kürzer, sodass man bereit sein muss, bis nach Mitternacht aufzubleiben, wenn man einen wirklich dunklen Himmel erleben will.

Infos im Internet: *https://scotland.forestry.gov.uk/forest-parks*

Northumberland International Dark Sky Park

GROSSBRITANNIEN

Zwischen dem Hadrianswall und der englisch-schottischen Grenze liegt das größte Lichtschutzgebiet Europas. Der Northumberland International Dark Sky Park wurde 2013 als einer besten Orte zur Beobachtung des nächtlichen Himmels in Großbritannien ausgewiesen. Hier kann man fast 1593 km² Wildnis erkunden, die aus dem Northumberland National Park und dem angrenzenden Kielder Water & Forest Park bestehen. Der Northumberland International Dark Sky Park war der erste seiner Art, der zwei separate Parks unter dem Dach eines Dark-Sky-Parks vereinte.

Der Northumberland International Dark Sky Park liegt günstig, um Einheimischen und Travellern das Erlebnis des dunklen Nachthimmels zu ermöglichen. Er ist von Edinburgh, Newcastle und Carlisle aus leicht zu erreichen. Aus der schottischen Hauptstadt bringt einen eine kurze, 90-minütige Autofahrt in den Park oder zum Kielder Observatory mit seinen Astronomie-Vorträgen und nächtlichen Sternenbeobachtungs-Events. Die Gemeinden im Park halten sich an die Lichtschutzvorschriften, sodass man hier auch gut die Nacht verbringen kann.

Bei Tag können Besucher auf ausgewiesenen Wegen in den Parks spazieren gehen, wandern oder Rad fahren. Für Freunde der Geschichte sind die Burgen, befestigten Häuser, Kapellen, Türme und Steinwälle in dieser Gegend reizvoll. Der zu Ehren des Kaisers, der seine Errichtung befahl, benannte Hadrianswall war eines der größten Bauprojekte Roms. Die mächtige, 117 km lange Mauer wurde zwischen 122 und 128 n. Chr. gebaut, um die römisch beherrschten Gebiete Britanniens vor den schottischen Pikten zu schützen. Die heute noch vorhandenen Abschnitte künden vom Ehrgeiz und der Hartnäckigkeit der Römer. Bei seiner Fertigstellung zog sich der Wall über den ganzen schmalen Hals der

Polarlichter und die Milchstraße über dem Coquet Lighthouse, Northumberland

© Ollie Taylor / Alamy Stock Photo

Insel, vom Solway Firth im Westen fast bis zur Mündung des Tyne im Osten. Im Abstand einer römischen Meile (1,5 km) standen Tore, die von einer kleinen Festung, den Meilenkastellen, geschützt wurden.

Zu weiteren attraktiven, beliebten Zielen der Region gehören Dally Castle, die Biddlestone Chapel und das Black Middens Bastle House. Die meisten dieser historischen Stätten sind öffentlich zugänglich und vermitteln einen Eindruck vom englischen Leben im Verlauf der Jahrhunderte. Es gibt im Park viele Gelegenheiten, auf eigene Faust Sterne zu beobachten; in klaren Nächten sieht man regelmäßig die Milchstraße.

Duncan Wise, ein Mitarbeiter der Nationalparkverwaltung, erklärt: „Der Northumberland International Dark Sky Park bietet den dunkelsten Himmel von allen Grafschaften Englands. Während man in Ortschaften und Städten oft kaum mehr als fünf bis zehn Sterne erkennen kann, sieht man z. B. vom mittleren Abschnitt des Hadrianswalls mehr als 2000 Sterne und die Milchstraße." Einige der besten Orte zum Sternebeobachten in der Gegend sind Cawfields, die Lichtschutzgemeinde Stonebaugh und die Ruinen des im 12. Jh. erbauten Harbottle Castle.

Praktische Informationen

Reisezeit: Das Wetter ist typisch englisch mit mehr regnerischen und wolkenreichen Tagen zwischen September und April. Die Sommermonate sind wärmer und bieten die besten Chancen auf einen wolkenlosen Himmel.

Infos im Internet: *www.northumberlandnationalpark.org.uk*

Chaco Culture National Historical Park

USA

Links: Pueblo Bonito, die Ruinen eines Gebäudekomplexes der Chaco-Canyon-Kultur; rechts: Zug der Sterne über dem Chaco Culture National Historical Park

Der Nachthimmel spielte im Verlauf der Jahrtausende eine wichtige Rolle bei vielen Kulturen, so auch bei der Pueblo-Kultur im Südwesten der heutigen USA. Die Pueblo-Völker in der Four-Corners-Region (dem Gebiet, wo Arizona, Colorado, New Mexico und Utah aneinander stoßen) waren für ihre Architektur, ihre Ingenieurleistungen und ihre Kultur bekannt; die Überreste der großen Steinbauten, die sie im Chaco Canyon errichteten, werden weithin zu den eindrucksvollsten antiken Zeugnissen in dieser Regi-

© Inge Johnsson / Alamy Stock Photo; © age fotostock / Alamy Stock Photo

on gezählt. Archäoastronomen weisen zudem darauf hin, dass viele der Gebäude in Bezug auf Himmelserscheinungen ausgerichtet wurden.

Heute steht die Chaco-Canyon-Stätte in New Mexico als Nationalpark unter Schutz, und 2013 wurde sie zusätzlich als International Dark Sky Park ausgewiesen. Die Bestimmungen zum Schutz des nächtlichen Himmels über dem Chaco Canyon stellen sicher, dass Besucher diesen hier nicht anders erleben als vor Jahrhunderten die Pueblo-Indianer.

Seit den späten 1990er-Jahren arbeitet der National Park Service am Chaco Night Sky Program und fördert den Besuch des Chaco Observatory. Dabei gibt es Astronomie-Events, bei denen Astronomen und Freiwillige Fragen beantworten, und halbjährliche Sternenpartys in Zusammenarbeit mit der Albuquerque Astronomical Society. Zu den Sonnenwenden (Juni & Dez.) sowie den Tagundnachtgleichen (März & Sept.) finden Veranstaltungen statt, bei denen Besucher etwas über die astronomische Ausrichtung der Gebäude im Chaco Canyon erfahren und sehen können, wie die antiken Völker die Jahreszeiten und den Verlauf der Zeit in ihren Bauten festhielten.

Zu den beliebten Aktivitäten bei Tag gehören Wandern, Radfahren und der Besuch der Ruinen. Heute leben noch 19 Pueblo-Völker in New Mexico, die souveräne Nationen mit einer jeweils eigenen Kultur sind. Fast alle backen noch traditionelles Pueblo-Brot in *hornos* (Lehmziegelöfen).

Die Archäoastronomie, die „Wissenschaft der Sterne und Steine", erforscht, welche Bedeutung der Nachthimmel für die Gesellschaft, Kultur und Architektur antiker Völker hatte. Stätten wie Stonehenge oder Chichén Itzá sind für die Archäoastronomen interessant, weil sie auf Himmelserscheinungen wie Sonnenwenden und Tagundnachtgleichen ausgerichtet zu sein scheinen. Anhand dieser Zeugnisse wollen die Archäoastronomen verstehen, welche Bezüge die antiken Kulturen zu den Himmelserscheinungen herstellten.

Praktische Informationen

Reisezeit: Im Nationalpark herrscht Wüstenklima mit heißen Tagen im Sommer und kalten Nächten im Winter. Ideal für einen Besuch sind das Frühjahr (März–Mai) und der Herbst (Sept.–Nov.).

Infos im Internet: *www.nps.gov/chcu*

Cherry Springs State Park

USA

Die Milchstraße am Nachthimmel über dem Cherry Springs State Park

Im Osten der USA kann es schwierig sein, einen Ort mit wirklich dunklem Nachthimmel zu finden. Große Städte und wuchernde Vorstädte haben nach und nach die Möglichkeiten reduziert, einen Blick auf die Sterne zu werfen. Der Cherry Springs State Park in der nördlichen Mitte Pennsylvanias ist einer der verbliebenen Orte mit dunklem Himmel. Er wurde schon 2008 als einer der ersten überhaupt zum Dark Sky Park erklärt. Heute ist der Park einer der beliebtesten Orte für Amateur-Astronomen an der Ostküste.

Die Hauptattraktion des relativ kleinen Cherry Springs State Park sind die Sterne über ihm. Der State Park ist vom Susquehannock State Forest umgeben, der ihn gegen die Lichtverschmutzung in der Region abschirmt. Der beliebteste Ort zur Sternenbeobachtung ist das Astronomy Field, wo man einen rundum unverstellten Blick auf den Nachthimmel genießt. Sternenbeobachter sehen hier meist mit bloßem Auge die Milchstraße, Planeten, Meteore und bei besonders günstigen Bedingungen auch Nebelflecke. Mit einem Teleskop oder Feldstecher enthüllen sich weitere Wunder.

Zweimal im Jahr, meist im Juni und September, werden im Cherry Springs

© Elizabeth Creason / Alamy Stock Photo

State Park Sternenpartys veranstaltet, zu denen Astronomen aus der Region in den Park strömen, denen sich Besucher anschließen dürfen. Angesichts von 60 bis 65 Tagen pro Jahr mit idealen Bedingungen für Sternenbeobachtungen lohnt sich ein Besuch fast immer. Im Winter ist es zwar kalt, man kann dann aber auch andere Sternbilder und sogar Polarlichter sehen.

Besucher können an ausgewiesenen Stellen im Park zelten oder in der nahen Gemeinde Coudersport sowie im umliegenden Potter County übernachten. Tagsüber kann man im Park wandern und dabei Wildtiere wie Wapitis und Weißkopfseeadler sichten. Der wirkliche Reiz für Besucher in dieser Ecke Pennsylvanias ist aber eindeutig der grandiose Nachthimmel.

Scott Morgan ist stellvertretender Leiter der Verwaltung des Cherry Springs State Park; er wünscht sich, dass Besucher durch die Teilnahme an Astronomie-Events lernen, den dunklen Himmel zu schätzen. „Mein bewegendstes Erlebnis war die Begeisterung der Menge über den Perseidenstrom", erzählt er. „In der Spitzenzeit kann man durchaus über 100 Meteore pro Stunde zählen. Und die Leute reagieren mit zahllosen Ahs und Ohs darauf. So etwas muss man einmal miterlebt haben!"

Praktische Informationen

Reisezeit: Ein größerer Besucherandrang ist in den warmen Sommermonaten (Mai bis Sept.) zu erwarten. Wer im Park übernachten will, sollte sich vorab anmelden und einen Platz reservieren. Im Winter kleidet man sich am besten nach dem Zwiebelprinzip.

Infos im Internet: *https://cherryspringsstatepark.com*

Cosmic Campground

USA

Angesichts des Namens überrascht es nicht, dass der Cosmic Campground einer der dunkelsten Orte in den USA ist. Das Gebiet ist weltweit eines von ganz wenigen Dark Sky Sanctuarys (das einzige andere in den USA ist das Rainbow Bridge National Monument in Utah). Mit 1,4 ha ist der Cosmic Campground verglichen mit anderen Lichtschutzgebieten zwar klein, bietet aber einen wirklich unberührten Nachthimmel inmitten der Gila Wilderness und der Blue Range Wilderness im westlichen New Mexico. Der Cosmic Campground ist weit weniger bekannt als andere Parks in New Mexico, etwa das White Sands National Monument oder der Carlsbad Caverns National Park, aber eine wahre Pilgerstätte für Astrotouristen.

Traveller kommen zum Cosmic Campground aus einem einzigen Grund: wegen der Dunkelheit. Da die nächste größere Quelle künstlicher Lichtverschmutzung mehr als 64 km entfernt in Arizona liegt, gibt es kaum einen Ort mit dunklerem Nachthimmel. Im Cosmic Campground darf man keine Luxusunterkünfte erwarten; hier gibt es nur schlichte Campingplätze (mit Plumpsklosetts und ohne Strom). Man bringt sein Teleskop mit, richtet es an einer der ausgewiesenen Himmelsbeobachtungsstellen außerhalb des Campingbereichs ein und genießt den in alle Richtungen unverstellten Blick in den Himmel.

Bei einer Übernachtung im Cosmic Campground sind einige Regeln zu beachten. Jeder Besucher des Dark Sky Sanctuary ist dafür verantwortlich, die nächtliche Dunkelheit nicht zu stören. Deshalb muss man vor Sonnenuntergang anreisen, um keine Autoscheinwerfer zu benutzen, muss alle Lichtquellen mit roten Filtern abdecken und darf in der Nähe von Beobachtungsgebieten keine Lagerfeuer entzünden. Die Einhaltung dieser Regeln gewährleistet ein unvergessliches Sternenzelt für einen selbst und alle anderen Beobachter. Tagsüber können Reisende den Gila National Forest zu Fuß oder zu Pferd erkunden und das Gila Cliff Dwellings National Monument, das drei Fahrtstunden vom Cosmic Campground entfernt ist, besuchen.

Von oben im Uhrzeigersinn: Gila Cliff Dwellings National Monument; Sternenparty im Südwesten der USA; Zodiakallicht über der Gila Wilderness

Patricia Ann Grauer gehört zu den Friends of the Cosmic Campground und half mit, das Gelände zum ersten Dark Sky Sanctuary der nördlichen Hemisphäre zu machen. „Am besten kommt man an einem Tag um den Neumond, noch vor Sonnenuntergang", rät sie. „Mit dem Sonnenuntergang schwindet das Tageslicht, und der natürliche Nachthimmel mit seinen Planeten, Sternen, Sternbildern, Sternenhaufen und der Milchstraße tritt hervor. Ohne die Verschmutzung durch künstliches Licht sieht man, selbst ohne rote Taschenlampe, die Menschen, Gegenstände und den Boden."

Praktische Informationen

Reisezeit: Im Sommer ist es tagsüber heiß, im Winter in den Nächten kalt. Die ideale Reisezeit sind das Frühjahr und der Herbst.

Infos im Internet: *www.fs.usda.gov/recarea/gila/recarea/?recid=82479*

Craters of the Moon National Monument and Preserve

USA

Das versteckt in der Ebene des Snake River im südlichen Idaho liegende Craters of the Moon National Monument and Preserve ist einer der Orte, an denen man den Eindruck hat, auf einen anderen Planeten versetzt worden zu sein – oder, in diesem Fall passender, auf einen Mond.

Das Gebiet erlangte erstmals 1924 durch eine Ausgabe von National Geographic Aufmerksamkeit. Ein früher Besucher bezeichnete die auffälligen geologischen Merkmale als „Mondkrater", weil sie ihn an die Krater auf unserem nächsten Nachbarn am Himmel erinnerten. Die Stätte wurde noch im gleichen Jahr als National Monument unter Schutz gestellt. Auch heute kommen die Besucher noch, um die seltsamen Basalt- und Lavaformationen der Region zu bestaunen. Anders als die Mondkrater, die durch Meteoriteneinschläge entstanden, ist Craters of the Moon eine vulkanische Stätte mit Lavatunneln und großen erstarrten Lavaströmen. Trotz des außerirdischen Erscheinungsbilds ist die Landschaft also ganz und gar irdisch und Zeugnis für die bewegte geologische Geschichte der Erde.

Die Fremdartigkeit des hoch gelegenen Gebiets ist nachts besonders eindrucksvoll. In den Sommermonaten kann man im Schutzgebiet auf mehreren Campingplätzen und, wenn man entsprechend ausgerüstet ist und den Massen entgehen will, auch im freien Gelände zelten. Sternenfotografen können tolle Fotos vor der Kulisse der Lava- und Felsformationen schießen.

Traveller besuchen Craters of the Moon schon seit Jahrzehnten, um hier im Sommer zu wandern oder im Winter Skilanglauf zu betreiben. 1969 nutzte die NASA die Stätte sogar als Trainingsgelände, um Astronauten auf den Mondflug vorzubereiten. Da diese Weltraumpioniere Piloten, aber keine Geologen waren, lernten sie hier, Gesteinsproben zu sammeln und zu

Treppe, die im Craters of the Moon National Monument in die Lavahöhle Indian Tunnel führt

© Anna Gorin / Getty Images

entscheiden, welche Exemplare wissenschaftlich besonders wertvoll sind. Als Lichtschutzgebiet wurde Craters of the Moon erst 2017 anerkannt, als die International Dark-Sky Association das Gebiet als Dark Sky Park zertifizierte. Es liegt gleich neben einem der größten Lichtschutzgebiete der USA, dem 2017 anerkannten Central Idaho Dark Sky Sanctuary.

Wade Vagias arbeitet im Craters of the Moon National Monument und gehörte zu dem Team, das den Antrag für den Status als Dark Sky Park ausarbeitete. „Ich möchte, dass die Besucher die Chance haben, hier den dunklen Nachthimmel so zu erleben und zu genießen, wie er vor der Einführung der modernen Beleuchtung war", erklärt er. „An einem Abend bemerkte ich, dass ich nie zuvor eine so dunkle Nacht wie gerade damals im Park erlebt hatte: Es war Neumond, und der Anblick der Sterne war atemberaubend – ein Erlebnis, das man nicht vergisst."

Praktische Informationen

Reisezeit: Der Sommer ist die beste Zeit für einen Besuch, allerdings strömen dann die Massen. Im Frühjahr und Herbst muss man sich auf kältere Nächte einstellen.

Infos im Internet: *www.nps.gov/crmo*

Grand Canyon National Park

USA

Spricht man von den besten Orten zur Sternenbeobachtung, kann man Arizona nicht außer Acht lassen. Die International Dark-Sky Association wurde in Tucson gegründet, und Arizona hat mehr ausgewiesene Lichtschutzgebiete als jeder andere amerikanische Bundesstaat. Das Kronjuwel unter ihnen ist der Grand Canyon National Park, der 2016 als Dark Sky Park zertifiziert wurde.

Der Grand Canyon ist eines der großen Naturwunder der Erde; hier in der Wüste im Nordwesten Arizonas hat sich der Colorado River in Jahrmillionen ca. 1600 m tief in die Gesteinsschichten gegraben. Der zum Schutz des Canyons geschaffene Nationalpark umfasst 4924 km² und empfängt jedes Jahr mehr als 6 Mio. Besucher.

Die meisten Menschen kommen in den Park, um die geologischen Formationen zu bewundern oder um in der Schlucht zu wandern, zu klettern oder zu raften. Sternenbeobachtungen werden zunehmend ebenfalls zu einer beliebten Aktivität. Immer mehr Menschen kommen, um den Nachthimmel so zu erleben wie seit Jahrhunderten die hier ansässigen Völker der Navajo, Hopi und Havasupai.

Jeden Juni veranstaltet der National Park Service eine einwöchige Sternenparty, um die Besucher über die Wichtigkeit des dunklen Nachthimmels für Flora und Fauna – einschließlich des Menschen – und die Auswirkungen von Lichtverschmutzung zu informieren. Dabei gibt es Vorträge und Gespräche mit prominenten Astronomen, Parkrangern, Filmemachern und Fotografen sowie Sonnen- und nachts Sternenbeobachtungen mit Teleskopen, die am North und am South Rim aufgebaut werden. In den Herbstmonaten veranstalten Parkranger abends Vorträge und geführte Wanderungen, die an den Besucherzentren beginnen. Bei einem Besuch sollte man sich immer informieren, welche Events derzeit angeboten werden.

Von oben im Uhrzeigersinn: der Himmel über dem Desert View Watchtower; Sonnenaufgang am Yavapai Point; Teleskop am South Rim

© Sapna Reddy Photography / Getty Images; © Gary Henderson/500px; © M.Quinn / NPS

Wenn man ohne Massenandrang die Sterne beobachten will, ist das benachbarte Grand Canyon–Parashant National Monument eine sehr gute Alternative. Das Parashant National Monument wurde bereits 2014, also früher als der Grand Canyon National Park, zum Dark Sky Park erklärt. Dieses National Monument gilt als eines der abgelegensten Schutzgebiete; es gibt keine Asphaltstraßen und keine Besucherzentren. Es liegt also wirklich vollkommen abseits und ist damit ideal für Sternenbeobachter.

Praktische Informationen

Reisezeit: Frühjahr (März bis Mai) und Herbst (Sept.-Nov.) sind ideal für einen Besuch am Grand Canyon. In den Wintermonaten schneit es hier, man benötigt entsprechende warme Kleidung.

Infos im Internet: *www.nps.gov/grca*

Headlands International Dark Sky Park

USA

Am nördlichsten Punkt der unteren Halbinsel von Michigan ragt ein 243 ha großes Stück Land in die Gewässer zwischen dem Michigan- und dem Huronsee. Der vor allem von alten Wäldern bedeckte Headlands International Dark Sky Park erhielt als eines der ersten Gebiete schon 2011 seinen Status als Lichtschutzgebiet.

Reisende kommen vor allem wegen des dunklen Himmels in die Headlands. Die Milchstraße ist hier in klaren Nächten regelmäßig zu sehen, und gelegentlich, vor allem in den dunkelsten Wintermonaten, kann man auch das Nordlicht beobachten. Im Veranstaltungszentrum und dem Observatoriumsbereich liegt der Schwer-

Die Mackinac Bridge überspannt die Mackinacstraße nahe dem Headlands International Dark Sky Park.

© David R. Frazier Photolibrary, Inc. / Alamy Stock Photo

punkt auf astronomischen Events. Regelmäßig finden kostenlose öffentliche Sternenbeobachtungen und besondere Veranstaltungen anlässlich von Ereignissen wie Meteorströmen statt. Das Parkpersonal bietet Natur- und Laternenwanderungen sowie Events zu den Sonnenwenden. Zudem veranstaltet der Northern Michigan Astronomy Club das ganze Jahr über Sternenpartys. Fast jedes Wochenende gibt's im Headlands International Dark Sky Park ein Event oder eine Sternenbeobachtung – außer wenn der Himmel bedeckt ist.

Tagsüber können Besucher auf 8 km gut ausgeschilderten (oft asphaltierten) Wegen wandern. Eine beliebte Option ist der Dark Sky Discovery Trail, ein 1,6 km langer Weg mit Informationen über die kulturelle und historische Bedeutung des Nachthimmels für die indigenen Völker in Michigan. Außerdem informiert ein Planetenweg über die mythologischen Bedeutungen und die Entdeckungsgeschichte der einzelnen Planeten. Ein lohnendes Ziel ist auch der öffentliche Strand an einer kleinen Bucht am Michigansee.

Der Headlands International Dark Sky Park ist durchgängig immer 24 Stunden geöffnet, es gibt aber keine Campingeinrichtungen im Park. Übernachten kann man in nahe gelegenen Gemeinden, z. B. in Mackinaw City, wo die Fähre zum malerischen Mackinac Island ablegt (das auch für Toffees berühmt ist). Einen Zwischenstopp lohnt auch die Sleeping Bear Dunes National Lakeshore im Süden.

Shelly House, die Leiterin der Parkverwaltung gehörte dem Team an, das die Anerkennung des Gebiets als Dark Sky Park vorantrieb. Seit vielen Jahren erläutert sie Besuchern den Nachthimmel. „Zu meinen liebsten Momenten gehört es, das Erstaunen der Besucher zu erleben, die zum ersten Mal die Milchstraße sehen", erklärt sie. „Ein Besucher aus Los Angeles hat hier überhaupt zum allerersten Mal die Sterne gesehen."

Praktische Informationen

Reisezeit: Die Sommermonate sind wegen des warmen Wetters und der angenehmen Nachttemperaturen am geeignetsten. Man muss allerdings sehr lange aufbleiben, um einen wirklich dunklen Himmel zu erleben – und braucht Insektenspray. Im Winter kann es bitterkalt werden, aber angesichts der kürzeren Tage bleibt mehr Zeit, um Sternenbeobachtungen zu machen.

Infos im Internet: *www.midarkskypark.org*

Natural Bridges National Monument

USA

Mit seinen weiten, von Wasser und Wind geformten natürlichen Steinbogen und Brücken ist Utah ein Traumziel für Amateurgeologen und Abenteuertouristen. Fast 65 % des Landes in Utah sind geschützt, daher können Reisende die Naturwunder des Bundesstaats in vollen Zügen genießen – die auf Erden ebenso wie jene am Himmel. Daher überrascht es kaum, dass Utahs erstes nationales Schutzgebiet, das Natural Bridges

National Monument, 2007 als erstes Gebiet der Welt den Status eines Dark Sky Park erhielt. Bei allen, die Sterne beobachten wollen, sollte das Natural Bridges National Monument ganz oben auf der Wunschliste stehen.

Am Tag sollte man sich die drei berühmten, in Jahrtausenden von der Erosion geformten natürlichen Sandsteinbrücken ansehen, nach denen der Park benannt ist. Sie heißen Kachina, Owachomo und Sipapu; die Namen gaben ihnen die indigenen Hopi, die einst hier lebten. Im Verlauf des 20. Jhs. wurden die Maßnahmen zum Schutz der Brücken auch auf den Schutz vor Lichtverschmutzung ausgeweitet. Jetzt können Besucher im National Monument wandern und campen und nach Sonnenuntergang bei gemeinsamen Sternenbeobachtungen den Nachthimmel bewundern.

Der National Park Service arbeitet daran, die Lichtverschmutzung im Natural Bridges National Monument durch den Einsatz energiearmer Lampen und Beleuchtung mit Bewegungssensoren in öffentlichen Bereichen (z. B. Toiletten) zu reduzieren. Die Parkranger bieten in den Sommermonaten Astronomie-Veranstaltungen, um den Besuchern den Nachthimmel näherzubringen. Fast 100 000 Menschen besuchen jedes Jahr das Natural Bridges National Monument, und alle Anstrengungen werden unternommen, damit trotz steigender Besucherzahlen die Auswirkungen auf das natürliche Gelände und den nächtlichen Himmel minimal bleiben.

Fotografen sollten wissen, dass das Natural Bridges National Monument weltweit einer der besten Orte für Sternenfotografien ist. Die natürlichen Felsbrücken, ein Wahrzeichen des Westens, bilden mit der gut sichtbaren Milchstraße ein schlicht großartiges Fotomotiv.

Die Milchstraße über der Owachomo Bridge

Wer beim Besuch des Natural Bridges National Monument Lust bekommt, diesen Teil der Welt weiter zu erkunden, sollte einen Abstecher zum Rainbow Bridge National Monument planen. Dieses Dark Sky Sanctuary, das erste vom NPS verwaltete Gebiet, das diesen Status erhielt, ist schwer zu erreichen. Die einzigen Zugangsmöglichkeiten bestehen in einer Bootsfahrt über den Lake Powell oder einer 23 km langen Wanderung; man braucht zudem eine Genehmigung der Navajo Nation.

Praktische Informationen

Reisezeit: Die Sommertage sind heiß (35 °C und mehr), die Winternächte kalt (0 °C). Für einen Besuch eignen sich das Frühjahr und der Herbst, wenn tagsüber und nachts gemäßigte Temperaturen herrschen. Im Frühjahr blühen die Wildblumen, und im Herbst kann man den (spärlichen) Blätterfall genießen.

Infos im Internet: *www.nps.gov/nabr*

Astronomie erleben

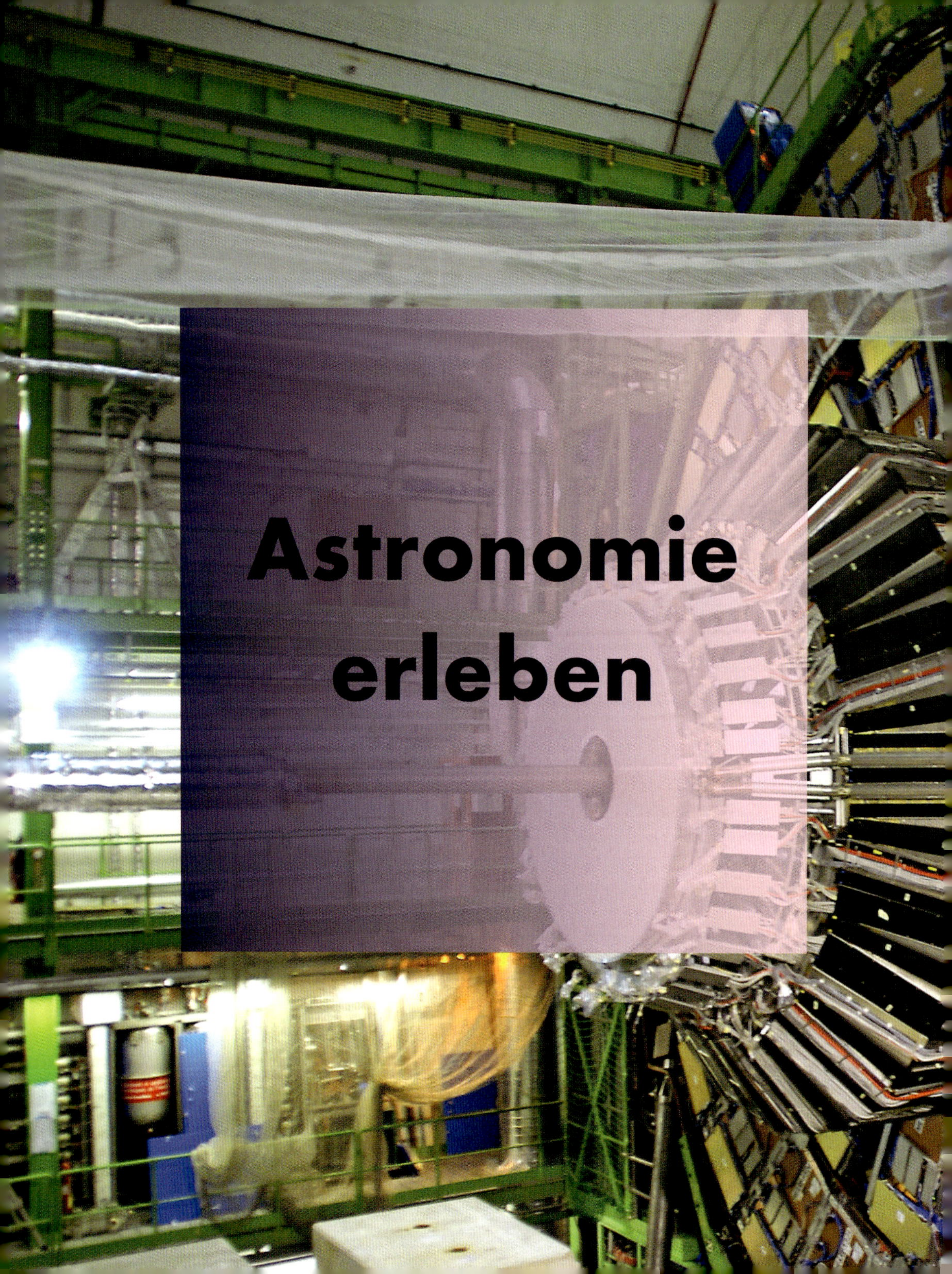

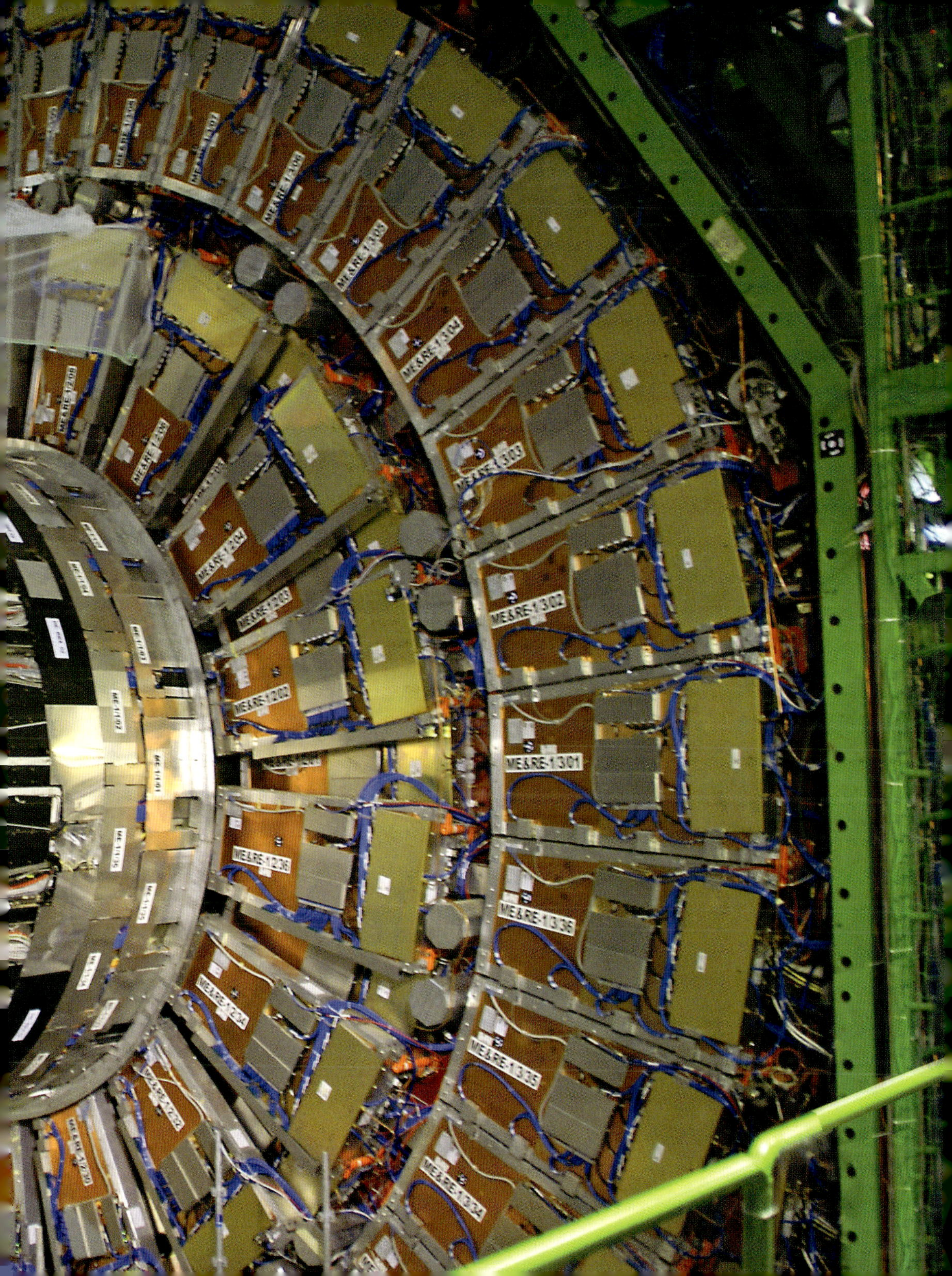
ME&RE-1/3/02
ME&RE-1/3/01
ME&RE-1/2/02
ME&RE-1/2/36
ME&RE-1/3/36

Das Beobachten des dunklen Nachthimmels gehört zu den schönsten Naturerlebnissen der Welt. Wer einmal auf den entsprechenden Geschmack gekommen ist, möchte höchstwahrscheinlich immer mehr über das Weltall erfahren und einen genaueren Blick in den Himmel werfen, als dies mit dem menschlichen Auge allein möglich ist. Bis zu einem gewissen Grad kann man seine Neugier auf die zahllosen interessanten Aspekte des Himmels mit einer Kombination aus Amateurteleskop und Internetrecherche ausbauen. Doch darüber hinaus empfiehlt sich eine Erweiterung des Wissens mithilfe von Profis: den Wissenschaftlern und Technikern von Observatorien oder anderen Forschungseinrichtungen, die unser Wissen über den Kosmos immer mehr vergrößern. Bei einem Besuch bekommen Hobbyastronomen hervorragende Informationen aus erster Hand.

Im Folgenden werden besuchenswerte astronomische Institutionen vorgestellt, die den großen Geheimnissen des Universums vom kleinsten Teilchen bis hin zur größten Galaxie nachspüren – oft an Orten mit optimal klarem Nachthimmel. So kann man dort die Sterne meist auch auf eigene Faust bewundern. Viele astronomische Einrichtungen sind öffentlich zugänglich. Die Öffnungszeiten sind dabei aber meist beschränkt (oft auf tagsüber), damit ohne Störung oder Lichtverschmutzung durch Besucher geforscht werden kann.

Rund um die Welt arbeiten Astronomen in den verschiedensten Spezialgebieten und kombinieren u. a. Physik, Chemie und Biologie, um das Wissen über den Weltraum zu vergrößern. Oft geschieht dies in Observatorien wie dem auf dem Mauna Kea oder dem South African Astronomical Observatory, oder aber auch direkt im All mithilfe von Weltraumteleskopen wie Hubble oder Spitzer, die beide vom Jet Propulsion Lab der NASA betrieben werden. Weitere Erkenntnisse über unsere Galaxis und die unendlichen Weiten dahinter liefert die Erforschung des elektromagnetischen Spektrums, wobei optische Teleskope (z. B. im McDonald Observatory) sowie Radioteleskope (z. B. im Arecibo-Observatorium) eingesetzt werden. Ohne Hilfsmittel können wir nur den für das Auge sichtbaren Teil des Spektrums betrachten, das einen Stern kennzeichnet. Doch das ist ein viel zu kleiner Ausschnitt – auch in der Radio-, Infrarot, Ultraviolett-, Röntgen- und Gammastrahlung verstecken sich wichtige, ja sogar wichtigere Informationen. Viele irdische Observatorien wie die Beispiele in diesem Buch fangen Radiowellen mit Antennen ein oder erfassen sichtbares und infrarotes Licht mithilfe großer optischer Teleskope. Für andere elektromagnetische Wellen wie Röntgenstrahlen eignen sich wiederum Weltraumteleskope wie Hubble am besten, da die Erdatmosphäre hier nicht störend einwirken kann.

Astronomie, Astrophysik und Weltraumforschung beschränken sich aber nicht nur auf den Einsatz von Observatorien: Neben topmodernen und historischen Teleskopen warten auf Astro-Touristen noch viele andere hochinteressante Sehenswürdigkeiten. Dazu gehören beispielsweise das NASA Marshall Space Flight Center (alias Rocket City) in Huntsville im US-Bundesstaat Alabama oder das CERN, das im schweizerischen Genf die Grenzen der Astrophysik auslotet und die Bedingungen des Urknalls mithilfe von Ultra-High-Tech nachvollzieht.

Beim Besuch solcher Stätten interagiert man persönlich mit Profi-Astronomen, die danach streben, das Universum und unseren Platz darin besser zu verstehen. Meist besteht dann auch die Möglichkeit, selbst einen Blick auf und durch die Arbeitsgeräte der Wissenschaftler zu werfen – und indem man auf diese Weise die Astronomie in tatsächlicher Aktion erlebt, gewinnt man mit Sicherheit ein deutlich erweitertes Wissen über das Weltall und schätzt zugleich unsere Erde umso mehr.

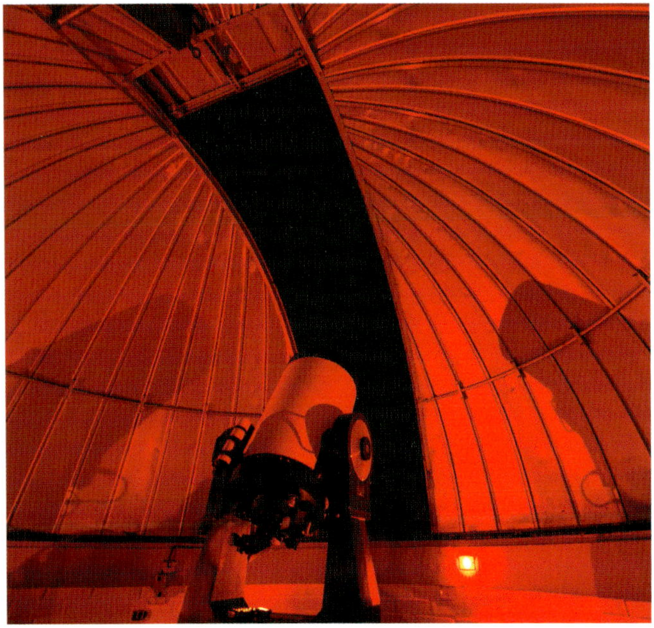

Elqui-Tal

CHILE

Wie Hawaii und die Kanarischen Inseln gehört auch Chile zu den weltweit besten Orten für astronomische Beobachtungen. Neben San Pedro de Atacama in den Hochanden (S. 114) bietet das Elqui-Tal nördlich von Santiago viele Möglichkeiten für Astro-Fans: Nahe dem Südrand der Atacama-Wüste winden sich hier Bergflüsse durch eine sonnenverbrannte Landschaft mit Weinbergen und idyllischen Dörfern. Berühmt ist das Tal in der Region Coquimbo aber vor allem für sein trockenes Klima (über 320 Sonnentage im Jahr) und seinen bemerkenswert klaren Himmel. Auf den umliegenden Bergen (z. B. dem Cerro Tololo oder Pachón) thronen sowohl staatliche Observatorien als auch private Forschungseinrichtungen wie das Association of Universities for Research in Astronomy Observatory (AURA-O). Dessen Umgebung wurde 2015 als Gabriela Mistral Dark Sky Sanctuary unter Schutz gestellt. In einem der dunkelsten Lichtschutzgebiete des Planeten kann man hier hervorragend die Sterne bewundern. Das AURA-O selbst ist nachts aber nicht öffentlich zugänglich.

Zukünftig wird es auch das Large Synoptic Survey Telescope (LSST) beherbergen, das ab den frühen 2020er-Jahren dank seines gigantischen Sichtbereichs den ganzen Nachthimmel erfassen soll.

Die Teleskope des AURA-O dienen der Forschung und sind für Besucher tabu. Weitere astronomische Attraktionen in der Gegend können aber besichtigt werden. Dazu gehört z. B. das Mamalluca Observatory (teilweise vom Inter-American Observatory finanziert), das lehrreiche Infos zu indigener und moderner Astronomie liefert. Interessant ist auch das Pangue Observatory, das von einem pensionierten Astronomen betrieben wird. Obendrein bietet das Tal viele spezielle Unterkünfte für Astro-Touristen – darunter die Elqui Domos wo man nach nächtlicher Himmelsbeobachtung unter geodätischen Kuppeln schlummert, oder das ganz ähnliche Cosmo Elqui, ein Hostel mit eigener Sternwarte.

Im Uhrzeigersinn von oben: Nachthimmel über dem Elqui-Tal; die Milchstraße über dem Elqui-Tal; ein Observatorium in Vicuña

Viele Teleskope des AURA-O existieren weltweit gleich zweimal – z. B. das des örtlichen Gemini Observatory, dessen „Zwilling" sich auf dem Mauna Kea auf Hawaii befindet. Das Victor M. Blanco Telescope des Cerro Tololo Inter-American Observatory hat sein Pendant auf dem Kitt Peak in Arizona. Zwei identische Teleskope in verschiedenen Regionen der Welt bieten Astronomen ein bestmögliches Gesamtbild vom Himmel, was wesentlich mehr Erkenntnisse über die zu untersuchenden Himmelsobjekte bringt.

Praktische Informationen

Reisezeit: Frühjahr und Herbst sind am besten, den Winter (Juni–Aug.) sollte man eher meiden.

Lage: Nördlich von Santiago de Chile und südlich der Atacama-Wüste

Infos im Internet: *https://chile.travel/en/what-to-do/astrotourism/nighttime-visits*

San Pedro de Atacama

CHILE

Nahe den Grenzen zu Argentinien und Bolivien liegt in der chilenischen Wüste das Städtchen San Pedro de Atacama mit nur 5000 Einwohnern – dank des trockenen Klimas ein Top-Ziel für Astro-Touristen, die einen Besuch in den Anden mit herrlichen Himmelsbeobachtungen kombinieren möchten. Vor Ort werden außerdem noch die unterschiedlichsten Abenteueraktivitäten angeboten: Hier kann man sich morgens dem Sandboarden widmen oder klettern gehen, mittags archäologische Ruinenstätten erkunden und nachts dann den klaren Sternenhimmel bewundern. Das trockene Hochgebirgsklima vor Ort verringert außerdem das Auftreten von Signalstörungen signifikant. Diese Bedingungen haben San Pedro und Umgebung viele internationale Observatorien beschert, die zusammen die Chajnantor Science Reserve bilden.

Deren Einrichtungen sind jedoch nur teilweise öffentlich zugänglich. Das Atacama Large Millimeter/Submillimeter Array (ALMA) kann immerhin an den meisten Samstag- und Sonntagmorgen besichtigt werden (nachts aber grundsätzlich nicht). ALMA besteht aus 66 zusammenschaltbaren Parabolantennen und ist das teuerste Interferometer-Radioteleskop weltweit. Der Besuch ist nur im Rahmen einer Führung, die man rechtzeitig reservieren muss, möglich. Das private Ahlarkapin Observatory unter der Leitung lokaler Guides veranstaltet Abendführungen von 90 Minuten bis zwei Stunden Länge. Das Atacama Cosmology Telescope, das Simons Array und andere bekannte Observatorien der Region sind nicht zugänglich.

Eine weitere Option sind geführte Himmelsbeobachtungen ab San Pedro. Oft von einheimischen Guides wird man dabei an Orte mit geringer Lichtverschmutzung gebracht. Beim Sternebetrachten (teils mit einem Teleskop) bekommt man lehrreiche astronomische Informationen. Immer mehr hiesige Unterkünfte (z. B. die Atacama Lodge) haben Astro-Touristen als Zielgruppe erkannt und verleihen Telesko-

Das Las Campanas Observatory im strahlenden Morgenlicht

© Alberto Ghizzi Panizza / 500 px

pe an ihre Gäste. Längere Touren mit Schwerpunkt auf Sternenbeobachtung besuchen auch noch andere Sehenswürdigkeiten wie das Valle de la Luna (Mondtal). Mit seinem Himmel als lukrativem Highlight ist Chile bislang das weltweit wohl wichtigste Ziel für Astro-Reisende – auch wenn andere Länder höchstwahrscheinlich bald nachziehen werden.

Zum Salar de Uyuni (S. 42) muss man sieben Stunden lang bis nach Bolivien hinüberfahren. Doch diese Anstrengung lohnt sich auf jeden Fall: Der Salar ist ebenfalls bestens für Himmelsbeobachtungen in der Andenregion geeignet. Dorthin führen u. a. mehrtägige abenteuerliche Touren, deren Teilnehmer nach dem Sternegucken in der Wüste übernachten.

Praktische Informationen

Lage: San Pedro de Atacama, Region Antofagasta

Öffnungszeiten: wechselnd (je nach Führung)

Eintritt: wechselnd (je nach Führung)

Infos im Internet: *https://alarkapin.cl, www.almaobservatory.org*

Pic du Midi

FRANKREICH

Hoch in den südfranzösischen Pyrenäen thront seit 1878 das Observatorium auf dem Gipfel des Pic du Midi über der Umgebung. Als prächtigste Anlage ihrer Art in Kontinentaleuropa wartet es auch mit einem Museum, Restaurant und Unterkünften auf. Übernachtungsgäste erhalten erweiterten Zugang zu den wissenschaftlichen Einrichtungen und freuen sich über spezielle Kulturprogramme.

Zum Gipfel gelangt man in einer 15-minütigen Seilbahnfahrt ab dem Ort La Mongie. Während der Fahrt zur Bergstation auf 2877 m entfaltet sich ein herrliches Pyrenäen-Panorama. Oben kann man zwischen den Observatorien umherschlendern, den 360°-Blick beim Umrunden des Gipfels genießen und auf dem sogenannten „Ponton dans le ciel" über dem Abgrund wandeln. Wissenswertes für

© Photononstop / Alamy Stock Photo

Links: Observatorium auf dem Pic du Midi de Bigorre (2877 m); rechts: Seilbahn zum Gipfel des Pic du Midi

astronomisch interessierte Besucher liefern auch das Planetarium mit regelmäßigen Shows und das Museum zur Geschichte des hiesigen Observatoriums. Ein neuer Experimentalbereich beleuchtet die aktuelle Forschungsarbeit auf dem Pic, die sich u. a. der Sonne, der kosmischen Strahlung und der Erdatmosphäre widmet. Das ganze Jahr über finden zudem an bestimmten Tagen Abendprogramme statt (meist wöchentlich). Dabei genießt man den Sonnenuntergang auf dem Gipfel, isst zu Abend, bewundert noch etwas die Sterne und fährt dann mit der Seilbahn zurück ins Tal.

Jeden Sommer kommen noch mehrere Sonderveranstaltungen mit Übernachtung hinzu: die „Nuits magique au sommet du Pic du Midi". Auf die Bergfahrt per Seilbahn folgen dabei jeweils Sundowner, ein Abendessen, eine geführte Himmelsbeobachtung und Sternegucken durch Teleskope, die ansonsten für Besucher tabu sind. Am nächsten Morgen schwelgt man zuerst im Sonnenaufgang und erlebt schließlich eine exklusive Führung durch die Anlage. Das Event ist für Hobby-Astronomen und andere Himmelsfans extrem reizvoll.

Der Pic du Midi (de Bigorre) ist ein ausgewiesenes Dark Sky Reserve der International Dark-Sky Association. Wie in anderen Lichtschutzgebieten dieser Art lässt sich der Himmel auch hier bei minimaler Lichtverschmutzung ohne Teleskop beobachten. Am besten kommt man an Sommerabenden hierher: Vom Dach der Pyrenäen hat man einen Panoramablick auf die Milchstraße.

Praktische Informationen

Lage: Rue Pierre Lamy de la Chapelle, La Mongie

Öffnungszeiten: meiste Monate tgl. 9–16 Uhr, abends wechselnd; Großteil des Aprils und ganzer Mai geschl.

Eintritt: Erw./Kind tagsüber 40/24,50 €, abends 129/99 €; Zimmer ab 339 €

Infos im Internet: *http://picdumidi.com*

Arcetri-Observatorium

ITALIEN

Galileo Galilei verbrachte seine letzten Lebensjahre südlich von Florenz in der hügeligen Region Arcetri. Der italienische Astronom, Physiker und Ingenieur stand hier als Ketzer unter Hausarrest, weil er das heliozentrische Weltbild des Kopernikus unterstützt hatte. Er starb schließlich in einer Villa nahe dem heutigen Arcetri-Observatorium. Dessen Besucher können dem Vater der modernen Astronomie Tribut zollen und erfahren zudem etwas über aktuelle Forschungsprojekte. Die Anlage liegt keine 30 Fahrtminuten vom Zentrum von Florenz entfernt und eignet sich daher gut als Tagesziel.

Das Arcetri-Observatorium ist eine aktive Forschungs- und Beobachtungsstation, die auch Instrumente für andere Sternwarten entwickelt und baut. Bisher hat das Arcetri-Team z. B. beim Very Large Telescope und beim Atacama Large Millimeter/Submillimeter Array in Chile mitgewirkt – oder bei der europäischen Raumsonde Gaia, die seit 2013 die Milchstraße vermisst.

Ganzjährig kann das Observatorium an den meisten Tagen sowohl am Tag als auch bei Nacht besucht werden. Tagsüber stehen hier die Sonne und die kosmische Strahlung im Mittelpunkt, wobei Besucher bei den Führungen selbst Beobachtungen mit einigen Teleskopen und Instrumenten vornehmen können. Abends werden die Fernrohre dann auf interessante Objekte im All gerichtet. Das Personal gehört dem Nationalen Institut für Astrophysik (INAF) an. Es veranstaltet auch astronomische Kurse und Alternativprogramme bei unzureichender Sicht.

Zudem gibt es hier eine Seminarreihe für Astronomie-Experten, die mehr über komplexe Themen erfahren wollen. Meist wöchentlich am Donnerstag bieten diese Events eine einmalige Chance, das eigene Wissen über Astronomie zu erweitern – an einem Ort, an dem Galilei einst persönlich weilte. Am besten vorab ermitteln, in welcher Sprache das jeweilige Seminar stattfindet!

© Javen / Shutterstock

In und um Florenz kann man Galilei an mehreren Orten huldigen – z. B. in den Hügeln von Arcetri, wo er in der Villa Galileo die letzten zehn Jahre seine Lebens verbrachte, oder im Museo Galileo, das die wissenschaftlichen Beiträge des Gelehrten ehrt und u. a. auch das Teleskop Amici I zeigt. Dieses berühmte Beobachtungsgerät aus dem frühen 19. Jh. befand sich ursprünglich in der Amici-Kuppel des Arcetri-Observatoriums.

Praktische Informationen

Lage: 5 Largo Enrico Fermi, Florenz, Region Toskana

Öffnungszeiten: Mo-Fr 9-18 Uhr, Sa abends nach Vereinbarung; Führungen tagsüber 10 Uhr, abends 18.30 und/oder 21 Uhr (je nach Jahreszeit)

Eintritt: gegen empfohlene Spende

Infos im Internet: *www. arcetri.inaf.it*

Der Dom von Florenz nahe Arcetri

Arecibo-Observatorium

PUERTO RICO

Das Arecibo-Observatorium in Puerto Rico gehört zu den größten und bekanntesten Radioteleskopen der Welt. Während der 1990er-Jahre tauchte es oft in der Popkultur auf – z. B. im Bond-Klassiker *Goldeneye*, im Film *Contact* oder in der TV-Serie *Akte X – Die unheimlichen Fälle des FBI*. Seit der Inbetriebnahme in den 1960er-Jahren wird hier primär auf den Gebieten der Radar- und Radio-Astronomie geforscht – inklusive der Suche nach extraterrestrischer Intelligenz (Search for Extraterrestrial Intelligence; SETI). Der Griff nach anderen Welten erfolgt vor allem mit dem riesigen schüsselförmigen Hauptspiegel.

Als Betreiber der Anlage kooperiert die National Science Foundation mit der University of Central Florida. So können Profi-Astronomen und Studenten Nutzungszeit in Arecibo beantragen. Zu den größten Erfolgen des Observatoriums gehört u. a. die exakte Bestimmung der Umlaufbahn des Merkur (59 Tage). Dieses Projekt bewies Teile von Einsteins allgemeiner Relativitätstheorie und wurde mit dem Nobelpreis für Physik belohnt. Unter den vielen anderen bedeutenden Meisterleistungen waren z. B. die Entdeckung des ersten Exoplaneten und die Erstellung einer Radarkarte der Venus-Oberfläche.

Im nordwestlichen Puerto Rico liegt das leicht zugängliche Areal ca. 90 Fahrtminuten von San Juan entfernt am Rand der Ortschaft Arecibo. Das Science & Visitor Center mit Ausstellungs- und Hörsaal informiert Besucher über die frühere und aktuelle Arbeit vor Ort. Von einer Aussichtsplattform fällt der Blick auf den Hauptspiegel. Dessen gewaltige Dimensionen (Durchmesser: 305 m) werden einem bei den VIP-Touren zum Schüsselrand besonders bewusst. Ein- oder zweimal jährlich organisiert die Caribbean Astronomical Society auch astronomische Abendveranstaltungen (meist auf Spanisch) im Science & Visitor Center.

Von oben im Uhrzeigersinn: die Altstadt von San Juan; kleiner Wasserfall im El Yunque National Forest; Los Arcos Beach bei Arecibo

Nach dem Besuch von Arecibo lohnt es sich, noch weitere puertoricanische Naturwunder kennenzulernen – beispielsweise den El Yunque National Forest, der vom US Forest Service verwaltet wird. Dort warten 114 km² Regenwald mit Wanderwegen und Kletterrouten auf unternehmungslustige Besucher. Eine ganz andere Perspektive auf den Regenwald kann man auf den hoch in den Bäumen verlaufenden Wegen des lokalen El Portal Rain Forest Center erleben.

Praktische Informationen

Lage: PR-Route 625, Arecibo

Öffnungszeiten: Mi–So 10–15 Uhr

Eintritt: Erwachsene/Senioren/Kinder 5–12 Jahre 12/8/8 US$

Infos im Internet: *http://naic.edu/ao/landing*

South African Astronomical Observatory

SÜDAFRIKA

Oben links: SALT-Teleskop des South African Astronomical Observatory; oben rechts: Spitze des Kaps der Guten Hoffnung

Südafrikas führendes Observatorium ist das South African Astronomical Observatory (SAAO), das ungefähr 370 km landeinwärts von Kapstadt in der semi-ariden Region Karoo liegt. Deren berühmter klarer Himmel ist hervorragend für Beobachtungen geeignet. Das SAAO wurde Anfang der 1970er-Jahre in Betrieb genommen. Inzwischen befinden sich hier 15 Teleskope, mit denen Messungen im optischen und infraroten Bereich durchgeführt werden können. Dank seiner idealer Lage kann das SAAO diverse Himmelsbereiche beobachten, die andere Observatorien

© Grobler du Preez / Alamy Stock Photo; © BlueOrangeStudio / Alamy Stock Photo

nicht erfassen können. Einige Teleskope der Anlage arbeiten mit identischen Pendants in anderen Teilen der Welt zusammen.

Eines der wichtigsten Teleskope des SAAO ist das größte optische Teleskop der südlichen Hemisphäre: das South African Large Telescope (SALT) mit seinem sechseckigen Spiegel (ca. 11,1 x 9,8 m). Das SALT entspricht technisch fast ganz dem Hobby-Eberly Telescope des McDonald Observatory in Texas, bietet aber einen deutlich anderen Blick auf den Nachthimmel: Hier sind das Kreuz des Südens und der in seiner Nähe stehende Stern Alpha Centauri erkennbar.

Die Forschungsteleskope des South African Astronomical Observatory sind leider bei Nacht nicht für Besucher zugänglich. Ansonsten kann man die Anlage aber bis zum Nachmittag auf eigene Faust besichtigen oder an Führungen teilnehmen. Diese zeigen einem tagsüber das Besucherzentrum und ein paar Forschungsteleskope (inkl. SALT), während nachts Astronomie und Sternegucken (u. a. durch zwei Besucherteleskope) im Mittelpunkt der Führungen stehen.

Falls ein Besuch des SALT nicht möglich sein sollte, empfiehlt sich die dazugehörige Website mit Live-Feeds und täglichen Videos (teilweise 20 bis 30 Sekunden lange Zeitraffer-Clips). Diese zeigen u. a. das Innere der SALT-Kuppel aus unterschiedlichen Blickwinkeln – ebenso den Himmel und das Äußere des Komplexes. Allerdings ist das natürlich kein echter Ersatz für ein persönliches Erlebnis vor Ort.

Die Zentrale des SAAO liegt nahe dem Kap der Guten Hoffnung in Kapstadt. Auf dem Gelände des früheren Royal Observatory, das bis 1971 in Betrieb war, finden hier regelmäßig Gesprächsrunden, Vorträge und Events zum Thema Astronomie statt (ein- bis zweimal pro Monat) – praktisch für all jene, die es nicht hinaus zu den eigentlichen Teleskopen bei Sutherland schaffen.

Praktische Informationen

Lage: Hwy R356, Region Karoo, Distrikt Namakwa

Öffnungszeiten: Besichtigungen ohne Führer Sa 9–15 Uhr, Führungen Mo–Sa 10.30 & 14.30 Uhr, Mo, Mi, Fr & Sa auch abends

Eintritt: Erw. ab 60–100 R, Kind ab 30–50 R

Infos im Internet: *www.saao.ac.za, www.salt.ac.za*

Teide-Observatorium

SPANIEN

Die meisten Besucher verbringen auf Teneriffa oder einer anderen Kanarischen Insel einen Strandurlaub. Weniger bekannt ist, dass der Archipel auch zu den weltweit besten Orten für Himmelsbeobachtungen und -studien zählt: Lage und astronomische Bedingungen ähneln denen in Chile oder auf Hawaii. Um davon zu profitieren, wurde in den frühen 1960er-Jahren auf dem Gipfel des Vulkans Teide (Teneriffa) das Teide-Observatorium erbaut. Betreiber ist das Instituto de Astrofísica de Canarias (IAC). Zur Anlage gehören Teleskope für den Nachteinsatz, Radioteleskope und das größte Sonnenteleskop weltweit.

Das Observatorium ist ausschließlich mit Führungen von Volcano Teide Experience zugänglich. Dabei gibt's zwei Möglichkeiten: Die kurze Variante (90 Min.) erkundet die Einrichtungen auf dem Gelände und beinhaltet eine Sonnenbeobachtung. Diese steht auch bei der langen Tour (8½ Std.) auf dem Programm – kombiniert mit nächtlicher Himmelsbeobachtung. Beide Tourvarianten müssen rechtzeitig reserviert werden. Beim Buchen jeweils unbedingt auf den richtigen Termin für die gewünschte Sprache (Spanisch oder Englisch) achten!

Das Observatorium bietet ambitionierten Hobby-Astronomen die Chance, eigene Theorien durch Beobachtung selbst zu überprüfen: Es gehört zu den wenigen Einrichtungen seiner Art, die Besuchern auf Anfrage die Benutzung ihrer Profi-Ausrüstung gestatten. Wer mit dem Mons-Spiegelteleskop (50 cm) arbeiten will, muss seinen Antrag spätestens 30 Tage im Voraus stellen. Dabei muss man Informationen zu den geplanten Beobachtungen liefern und Bedienkompetenz für das Teleskop nachweisen. Alternativ kann man den Nachthimmel über dem Vulkan auch auf eigene Faust bewundern: Hier sind 83 der 88 Sternbilder sichtbar.

Von oben im Uhrzeigersinn: Teide-Observatorium bei Nacht; Teide-Observatorium unter der Milchstraße; Kanareninsel Teneriffa

Die ebenfalls zu den Kanarischen Inseln gehörende Insel La Palma ist ein weiteres Top-Ziel das Reisende in Sachen Astronomie begeistern wird: Hier lockt das Observatorium Roque de los Muchachos mit mehr als einem Dutzend Teleskopen – darunter das Isaac-Newton-Teleskop, das sich bis 1984 im Königlichen Observatorium in Greenwich befand. La Palma war einst auch als alternativer Standort für das Thirty Meter Telescope (TMT) im Gespräch, das nun aber auf Hawaii errichtet wird.

Praktische Informationen

Lage: San Cristóbal de La Laguna, Santa Cruz de Tenerife, Kanarische Inseln

Öffnungszeiten: Besichtigung im Rahmen einer Führung möglich (wechselnde Zeiten)

Eintritt: kurze/lange Führung ab 21/56 €

Infos im Internet:
www.iac.es

CERN

SCHWEIZ

Oben und rechts: Der Globus der Wissenschaft und Innovation auf dem CERN-Gelände

Normale Observatorien erforschen die Weiten des Himmels. Das CERN (Conseil Européen pour la Recherche Nucléaire, d. h. Europäische Organisation für Kernforschung) widmet sich dagegen dem anderen Ende des Untersuchungsspektrums: Das 1954 gegründete unterirdische Großlabor ist die weltweit führende Forschungseinrichtung in Sachen Teilchenphysik. Die hiesige Arbeit hat einen starken Einfluss auf die Astronomie, da sie die grundlegenden Gesetze unseres Universums erforscht.

Am bekanntesten ist das CERN für den größten und energiereichsten Teilchenbeschleuniger der Welt: den Large Hadron Collider (LHC), der Teilchen in einem 27 km langen Tunnel mit Beinahe-Lichtgeschwindigkeit aufeinanderprallen lässt. Aufgrund der extremen Leistungsdaten befürchteten manche Kritiker vor der Inbetriebnahme sogar, dass die Anlage ein künstliches Schwarzes Loch verursachen könnte! Mit dem LHC und seinen anderen Beschleunigern bzw. -detektoren erforscht das CERN, wie sich Partikel unter extremen Bedingungen verhalten – z. B. solchen, die vermutlich gleich nach dem Urknall herrschten. Die Wissenschaftler suchen zudem nach neuen Elementarteilchen und versuchen, Theorien über die Wechselwirkungen zwischen Elementarteilchen zu beweisen. So tragen sie dazu bei, dass wir das Universum und unseren Platz darin besser verstehen.

Teile des CERN sind für Besucher zugänglich und informieren über die Arbeit vor Ort. Dazu gehören z. B. Dauerausstellungen zur Teilchenphysik, die auch erklären, warum Wissenschaftler überhaupt Elementarteilchen erforschen. Die separate Ausstellung zum LHC beleuchtet dessen Funktionsweise und die vermutete Entwicklung des Universums nach dem Urknall. Das CERN ist auch in puncto Computerwissenschaft und Digitalisierung von Interesse: Hier wurden z. B. einige wichtige Beiträge zur Entstehung des Internets geleistet. Unter den Gratisführungen auf Französisch und Englisch sind auch Varianten für Studentengruppen. Besichtigen kann man u. a. das Kontrollzentrum des ATLAS-Teilchendetektors (7000 t) in 100 m Tiefe: Dort wurde die Existenz des in einer Theorie vorhergesagten Higgs-Teilchens experimentell bewiesen – was den beteiligten Wissenschaftlern einen Nobelpreis einbrachte und das Standardmodell der Teilchenphysik bestätigte. Demzufolge wirken im Universum vier Grundkräfte: Gravitation sowie schwache, starke und elektromagnetische Wechselwirkung. Von Einzelsternen bis zu ganzen Galaxien wird alles im All von diesen Kräften bestimmt.

© Deyan Baric / Alamy Stock Photo

Im Large Hadron Collider (LHC) ist es kälter als im Weltraum: Der riesige Teilchenbeschleuniger wird in seinem Inneren auf −271,3 °C (1,9 K) heruntergekühlt. Mit −270,5 °C (2,7 K)ist der Weltraum da etwas behaglicher. Die extreme Tieftemperatur kühlt die gewaltigen Supraleiter-Elektromagneten beim Beschleunigen der Protonenstrahlen.

Praktische Informationen

Lage: Esplanade des Particules 1, Genf

Öffnungszeiten: Mo–Sa 8–17 Uhr, Führungen Mo–Sa 11–15 Uhr

Eintritt: frei; Tickets jedoch rechtzeitig reservieren

Infos im Internet: *https://home.cern, http://visit.cern*

Royal Greenwich Observatory

GROSSBRITANNIEN

Das Royal Observatory, das wie ein Leuchtturm über dem Greenwich Park aufragt, markiert den Nullmeridian (Längengrad 0° 0′ 0″). Die Tickets gelten auch für das Flamsteed House (Architekt: Christopher Wren), das nach dem ersten königlichen Hofastronomen benannt ist. Zugang erhält man außerdem zum Meridian Courtyard, wo ein Spagat zwischen Ost- und Westhalbkugel lockt. Unter der zwiebelförmigen Kuppel des Observatoriums kann man das Great Equatorial Telescope von 1893 bestaunen, und die Weller Astronomy Galleries vermitteln Wissen über Raum und Zeit. Der größte Teil der astronomischen Arbeiten wurde mittlerweile von Greenwich in Gebiete mit weniger Lichtverschmutzung verlegt. Das Observatorium hat jedoch seinen festen Platz in der Wissenschaftsgeschichte. Es wurde 1675 für navigatorische Zwecke eingerichtet – mit der Hauptaufgabe, Verfahren für die präzise Messung von Zeit und Längengrad auf See zu entwickeln. Ab 1766 wurde hier der Nautical Almanac herausgegeben, was das Gebäude zur Basis der Messungen machte – der Nullmeridian läuft daher mitten hindurch, und die alte „Weltzeit" Greenwich Mean Time war bis zu ihrer Ablösung durch die UTC 1972 die am Observatorium gemessene Zeit.

Das Observatorium ist heute ein Mix aus Museum und Bildungseinrichtung. Im Peter Harrison Planetarium laufen tagsüber Shows mit verschiedenen Themen (z. B. der Nachthimmel, Nachbarplaneten, dunkle Materie).

Oben links: Frank Dyson (Königlicher Astronom) beim Messen des Horizontalwinkels; oben: Das Great Equatorial Telescope während des Sonnenuntergangs

© Chronicle / Alamy Stock Photo; © Tony Watson / Alamy Stock Photo

Unter der Kuppel kann das Great Equatorial Telescope besichtigt werden. Ausstellungen informieren über die Geschichte der Astronomie. Ganzjährig finden hier auch astronomische Abende für die Öffentlichkeit statt. Darunter sind Workshops für Jugendliche oder Gesprächsrunden und Kurse für alle Altersstufen. Und jedes Jahr kürt eine Fotoausstellung den Astronomy Photographer of the Year (Himmelsfotograf des Jahres).

Inzwischen arbeitet das Observatorium auch wieder wissenschaftlich: 2018 wurde hier das Annie Maunder Astrographic Telescope (AMAT) in Betrieb genommen. Dieses kann nur selten besichtigt werden, was die zugehörigen Tickets begehrt und rechtzeitige Reservierung ratsam macht.

Bei der Gründung des Royal Observatory (1675) wurde John Flamsteed von Karl II. zum königlichen Hofastronomen ernannt. Während seiner Zeit in Greenwich erstellte er ein Sternenverzeichnis (3000 Einträge) und einen Sternenatlas. Flamsteed gilt auch als Entdecker des Planeten Uranus (obwohl er diesen für einen Stern hielt). Sein Nachfolger als Hofastronom war Edmond Halley – in erster Linie bekannt als Namenspate des Halleyschen Kometen.

Praktische Informationen

Lage: Blackheath Ave, Greenwich, London

Öffnungszeiten: tgl. 10 bis 17 Uhr

Eintritt: Great Equatorial Telescope frei, Museum Erw./Kind 19/9 £; Sonderveranstaltungen, Vorträge und Shows im Planetarium jeweils extra

Infos im Internet: *www.rmg.co.uk/royal-observatory*

Mauna Kea

USA

Der schlafende Vulkan Mauna Kea auf Hawaii (Big Island) gilt als einer der weltweit besten Orte für astronomische Forschung: In großer Höhe herrschen hier Bedingungen, die ideal für bodenbasierte Studien sind. Mit fast 4205 m Höhe überragt der Mauna Kea buchstäblich diverse atmosphärische Störfaktoren (z. B. Feuchtigkeit, Wetter, Lichtverschmutzung), die sonst die Beobachtung von Himmelskörpern erschweren. Dank dieses Vorteils stehen auf dem Mauna Kea derzeit 13 Observatorien, die von elf verschiedenen Ländern finanziert werden.

Als Standort für ein neues Observatorium wurde der Mauna Kea (Weißer Berg) 1968 dauerhaft an die University of Hawaii verpachtet. Vor Kurzem sorgte der geplante Bau des Thirty Meter Telescope (TMT) auf dem Gipfel für Schlagzeilen: Aufs Neue entbrannte die alte Debatte, wie dieser heilige Ort der indigenen Hawaiianer zu schützen sei. Denn deren Kultur betrachtet den Mauna Kea als Nabelschnur allen Lebens (*piko*). So beheimatet das astronomische Gipfelareal diverse Göttinnen und heilige Stätten wie den Waiau-See.

Aufgrund der einzigartigen Lage sind der Mauna Kea und die dortigen Observatorien recht schwer erreichbar: Nach der Ankunft auf Big Island muss man zuerst die Mauna Kea Visitor Information Station (VIS) aufsuchen, um Infos zu Straßenzustand und Beobachtungsbedingungen zu erhalten. Die VIS liegt an der Straße zum Vulkan und ist hier die am leichtesten zugängliche Option für Himmelsbeobachtungen. Zusätzlich wartet sie mit dem erstklassigen First Light Bookstore und öffentlichen Astro-Abenden an mehreren Wochentagen auf. 2019 wurde sie renoviert, was neben den Besuchereinrichtungen auch den Schutz der Gipfelzone erweitert und verbessert hat.

Jenseits des Komplexes dürfen nur Geländewagen zu den Observatorien hinauffahren. Der Mauna Kea ist nur tagsüber (30 Min. vor Sonnenaufgang bis 30 Min. nach Sonnenuntergang) für Besucher geöffnet, und die Teleskope sind nachts nicht öffentlich zugänglich – was Himmelsbeobachtungen bei Dunkelheit stark begrenzt. Ein paar örtliche Observatorien (z. B. das Subaru Telescope oder das Keck

© Alberto Ghizzi Panizza; © Joe Belanger / Alamy Stock Photo

Oben: Subaru Telescope beim Sonnenuntergang; links: Keck Observatory über der Wolkendecke

Observatory) bieten tagsüber Besichtigungen und Führungen an. Andere veranstalten reservierungspflichtige Abendtouren, bei denen Beobachtergruppen von Profi-Astronomen unterstützt werden. Besuchen lässt sich der Mauna Kea auch mit lizenzierten Tourveranstaltern. Bei den Touren zum Gipfel (meist ca. 8 Std.) bewundert man entweder den Sonnenaufgang oder die Sterne in der Abenddämmerung. Und bitte angemessen respektvoll verhalten: Dies ist ein heiliger Ort der indigenen Hawaiianer!

In astronomischer wie mythologischer Hinsicht sind die Sterne tief in der Kultur Hawaiis verwurzelt: Die ersten polynesischen Siedler fanden einst anhand des Himmels über den Pazifik hierher. Ihrem Glauben zufolge fing der Halbgott Maui die Sonne ein und zog die Inseln mit seinem magischen Angelhaken vom Meeresgrund empor. Nach Ankunft der Europäer ging aber viel astronomisches Wissen der indigenen Hawaiianer verloren. Manche ihrer modernen Nachfahren nutzen jedoch bis heute die polynesische Astronomie als Navigationshilfe beim Segeln.

Praktische Informationen

Lage: Mauna Kea Access Rd, Hilo, Hawaii

Öffnungszeiten: Mo–Sa 9–22 Uhr

Eintritt: frei

Infos im Internet: *http://ifa.hawaii.edu/info/vis*

McDonald Observatory

USA

Im weiten Westen von Texas erscheint der Nachthimmel unendlich: Wohin man auch blickt, sind bis zum Horizont Sterne zu sehen. Mitten in den rundum liegenden Davis Mountains betreibt die University of Texas von Austin aus das McDonald Observatory mit diversen Teleskopen und Messinstrumenten. Dessen Besuch ist tagsüber und auch nachts möglich.

Die Durchmesser von Teleskopen werden meist in Zentimetern angegeben. Hier gibt es aber drei fest installierte Teleskope mit über 2 m Durchmesser: das Hobby-Eberly Telescope (10 m), das Harlan J. Smith Telescope (2,7 m) und das Otto Struve Telescope (2,1 m) – zusammen eines der leistungsfähigsten Beobachtungs-Ensembles der Region.

Tagsüber informiert das täglich geöffnete Frank N. Bash Visitors Center mit Ausstellungen über frühere örtliche Forschungsprojekte. Zudem muss man sich dort für die Teleskop-Touren (tagsüber) und Sternenpartys (nachts) anmelden. Die Tickets für letztere sind limitiert und heiß begehrt – unbedingt rechtzeitig reservieren!

Die Partys steigen ganzjährig bis zu dreimal pro Woche. Dabei lässt sich z. B. ein Umtrunk zum Sonnenuntergang (90 Min.) mit einem Blick ins All im hauseigenen Teleskoppark (2 Std.) kombinieren. Die Events werden vom Personal des Observatoriums geleitet; ihre Themen wechseln je nach Jahreszeit und Mondphase. Wer extra deswegen anreisen will, sollte also vorher das aktuelle Programm auf der Website studieren und dementsprechend planen. Meist liegt der Schwerpunkt der Partys auf den bekanntesten Highlights am Himmel wie Planeten, Galaxienhaufen oder Meteorströmen.

Der Flughafen von El Paso wird täglich von vielen großen Gesellschaften angeflogen. Von El Paso aus sind es dann noch drei Fahrtstunden bis nach Fort Davis, dem Ort, der dem Observatorium am nächsten liegt.

Von oben im Uhrzeigersinn: Sternenparty-Teilnehmer beim Anstehen; McDonald-Observatorium unter den Sternen; Mt. Locke, Davis Mountains

Im Big Bend National Park und dem angrenzenden Big Bend Ranch State Park ist der Himmel noch dunkler als über dem McDonald Observatory. Beide Parks sind zertifizierte Dark Sky Parks der International Dark-Sky Association. Die Anfahrt führt nach Süden in Richtung mexikanische Grenze.

Praktische Informationen

Lage: 3640 Dark Sky Dr, Fort Davis, Texas

Öffnungszeiten: ganzjährig tgl. 10–17.30 Uhr, Sternenpartys meist wöchentl. Di, Fr & Sa, wechselnder Beginn (je nach Sonnenuntergang)

Eintritt: Erw./Kind 6–12 Jahre tagsüber 8/7 US$, Abendveranstaltungen 12/8 US$

Infos im Internet: *https://mcdonaldobservatory.org*

NASA Jet Propulsion Laboratory

USA

Das kalifornische Pasadena ist vor allem für seine Rose Parade bekannt. Hier befindet sich aber auch eines der eindrucksvollsten Raumfahrt-Forschungslabore der Welt: das NASA Jet Propulsion Laboratory (JPL), das im Gegensatz zu anderen NASA-Einrichtungen weder Raketenstarts noch Astronautentrainings durchführt. Dafür haben die hiesigen Teams viele der bedeutendsten Weltraumprojekte des 21. Jhs. realisiert. Dazu gehören der erste US-Satellit im All (Explorer I), Mars-Rover bzw. -Lander (z. B. Curiosity, InSight), die Cassini-Mission zum Saturn oder die Juno-Mission zum Jupiter.

Zu den 6000 Mitarbeitern des Labors gehören auch jene Wissenschaftler und Ingenieure, die die Marsmobile kontrollieren. Am Morgen jedes Marstages (Sol) sendet das zuständige JPL-Team Steuerungsbefehle an die Fahrzeuge – inklusive Routen und Zeitpunkten für wissenschaftliche Analysen. Zudem muss die Funktionsfähigkeit der Bordinstrumente ständig überwacht werden. Angesichts der langen Signalübertragung zwischen Erde und Mars (20 Min.) ist das eine recht komplexe Angelegenheit. Ein gewaltiger Staubsturm unterbrach 2018 die Verbindung zum Mars Rover Opportunity. Doch selbst danach sendete das JPL täglich ein Morgensignal, um den Kontakt eventuell wieder herzustellen. Mitte Februar 2019 wurde die Mission dann endgültig beendet. Seit seiner Landung im Januar 2004 hatte Opportunity bis zu diesem Zeitpunkt 42 km zurückgelegt und dabei u. a. bewiesen, dass es auf dem Mars einst flüssiges Wasser gegeben hatte. Und einen deutlichen Beweis für die Leistungsfähigkeit ferngesteuerter Forschungstechnologie im All geliefert: Der Rover übertraf seine ursprünglich prognostizierte Funktionsdauer von 90 Tagen um mehr als 14 Jahre. Während dieser ganzen Zeit wurden seine Bewegungen auf dem roten Planeten vom JPL aus koordiniert.

© Stocktrek Images, Inc. / Alamy Stock Photo; © Sundry Photography / Shutterstock

Oben: Mars-Rover Curiosity beim Fahrtest; unten: Kontrollzentrum des JPL

Wie bei anderen NASA-Einrichtungen ist im JPL der Zugang begrenzt, da auch hier an sensiblen Projekten und Missionen gearbeitet wird. Montags und mittwochs (wöchentlich wechselnd) finden Gratisführungen statt, für die man reservieren muss. Hierzu gehört z. B. die Tour Journey to the Planets and Beyond, die sich auf die Raummissionen und Erfolge des JPL konzentriert. Eine andere Tour kombiniert einen Rundgang durch das Karman Visitor Center mit der Besichtigung der Space Flight Operations Facility und der Spacecraft Assembly Facility.

Theoretisch können Angestellte des JPL ihr ganzes Arbeitsleben einem einzigen Projekt widmen: Einige der bedeutendsten Missionen im Sonnensystem wurden bzw. werden mithilfe von unbemannten Rovern oder Sonden durchgeführt. Darunter waren z. B. die Cassini-Mission zum Saturn oder die interstellaren Flüge von Voyager 1 und 2. Aktuell konkurriert die New-Horizons-Mission zum Pluto mit der Mars-Erforschung per Rover (Curiosity) und Lander (Insight). Auf dem JPL-Campus kann man Fotos von diesen Missionen bestaunen.

Praktische Informationen

Lage: 4800 Oak Grove Dr, Pasadena, Kalifornien

Öffnungszeiten: Besichtigung nur im Rahmen einer Führung an bestimmten Tagen (meist Mo & Mi 13 Uhr)

Eintritt: frei; Tickets jedoch rechtzeitig reservieren

Infos im Internet: *www.jpl.nasa.gov*

Rocket City

USA

Huntsville im nordwestlichen Alabama trägt den Spitznamen Rocket City (Raketenstadt) – kein Wunder: Die Stadt ist ein altehrwürdiger und renommierter Standort des US-Raumfahrtprogramms. Unter Wernher von Braun entwickelte und testete die NASA hier die Technologie, die schließlich die Apollo-Astronauten ins All und auf den Mond brachte. Heute ist Huntsville die Heimat des Marshall Space Flight Center und des US Space & Rocket Center mit dem

Besucherführung im Davidson Center for Space Exploration, einem Raumfahrt- und Raketenmuseum der NASA im Space & Rocket Center

© Dave G. Houser / Alamy Stock Photo

Space Camp. Schon bei der Anfahrt wird man am Stadtrand vom Nachbau einer riesigen Saturn-V-Rakete begrüßt. Im Space & Rocket Center führt die Zeitreise von den Anfängen des US-Raumfahrtprogramms bis hin zu aktuellen und zukünftigen Missionen.

Das berühmte Space Camp des Zentrums ist eine öffentliche Einrichtung. Hier kann man eine Woche lang das Leben der Astronauten und deren Aufgaben kennenlernen. Anmelden können sich Möchtegern-Raumfahrer aller Altersstufen und Art – ob Kinder ab neun Jahren, Erwachsene oder Familien. Gemütliches Grillen am Lagerfeuer ist im Camp eher die Seltenheit: Das Programm bietet u. a. Simulation von Schwerelosigkeit, Workshops im Raketenbau und den Kontakt mit früheren Teilnehmern, die später dann selbst Astronaut oder NASA-Ingenieur wurden. Hinzu kommen simulierte Missionen sowie Infos zu früheren und aktuellen NASA-Projekten. Das US Space & Rocket Center zeigt ebenfalls eine Saturn-V-Rakete in Originalgröße. Das riesige Museum beleuchtet die einzelnen Phasen der bisherigen Raumforschung und die zukünftigen Pläne der NASA. Erkunden kann man es auch mithilfe freiwilliger Dozenten, die respektvoll NASA Emeritus genannt werden: Die Guides sind normalerweise pensionierte NASA-Angestellte.

Zudem empfiehlt sich eine Bustour zum nahen Marshall Space Flight Center. Dort besichtigt man z. B. den historischen Raketenprüfstand, auf dem die Triebwerke früher zahllose Hitzetests durchliefen. Ebenso interessant ist das Propulsion Research and Development Laboratory, in dem die NASA neue Raketen- und Triebwerkssysteme für zukünftige Missionen entwickelt. Und im nahe gelegenen Monte Sano State Park betreibt die Von Braun Astronomical Society ein kleines Observatorium mit Planetarium und öffentlichen Himmelsbeobachtungen an den meisten Wochenenden.

Robin Soprano ist im Space Camp für die Simulationen verantwortlich. „Wir erzählen die Geschichte der NASA, werfen aber auch einen Blick in die Zukunft", erklärt sie. „Wir wollen die Kids inspirieren, die eines Tages zum Mars fliegen: Was erfordert ein autarkes Leben auf diesem Planeten?" So steuern Kinder hier z B. virtuell das NASA-Raumfahrzeug Orion oder simulieren die Arbeit in einer Marskolonie.

Praktische Informationen

Lage: U.S. Space & Rocket Center, 1 Tranquility Base, Huntsville, Alabama

Öffnungszeiten: tgl. 9 bis 17 Uhr

Eintritt: Museum Erw./Kind 5-12 Jahre 25/17 US$

Space Camp: Erw. 549 US$/3 Tage, Kind 9-14 Jahre 999 US$/6 Tage, Jugendl. 15-18 Jahre 1199 US$/6 Tage

Infos im Internet: *www.rocketcenter.com, www.spacecamp.com, www.nasa.gov/centers/marshall*

Meteorströme

Meteorströme (auch Sternschnuppenschwärme oder Meteorschauer genannt) entstehen infolge der Schweife aus Staub- und Trümmerpartikeln, die Kometen und Asteroiden hinter sich herziehen und die Erdumlaufbahn kreuzen. Wenn diese winzigen Teilchen in die Erdatmosphäre geraten, verglühen sie darin. Jedes Jahr kreuzt die Erde die Bahnen dieser Kometen und Asteroiden an fixen Terminen – zur Freude all jener, die die Meteore beobachten wollen. Meteorströme ereignen sich auf allen Himmelskörpern, während die Planeten, Monde, Asteroiden und Kometen ihre Bahnen ziehen.

Wenn die Erde den Trümmerschweif eines Kometen passiert, treten häufiger Objekte in die Erdatmosphäre ein als sonst. Um die spektakulären Meteorströme zu sehen, muss man nur den richtigen Zeitpunkt kennen, denn die Meteore sind auch mit bloßem Auge sichtbar. Wenn kleine Objekte in die Erdatmosphäre geraten, verbrennen sie in ihr und leuchten als Sternschnuppen auf. Der Begriff „Sternschnuppe" ist zwar irreführend, da sie nichts mit den Fixsternen zu tun haben, aber es ist auf jeden Fall ein zauberhaftes Erlebnis, zu beobachten, wie die leuchtenden Objekte über den Nachthimmel ziehen.

Meteorströme werden vor allem von Kometen und seltener von Asteroiden verursacht. Kometen sind kleine Objekte im Sonnensystem, die hauptsächlich aus Eis und Staub bestehen. Sie können auch einen Schweif besitzen, der sich aus Eis, Staub und Gesteinspartikeln zusammensetzt. Die Kometen haben ihren Ursprung meist im Kuipergürtel jenseits des Neptuns. Asteroiden sind hingegen Kleinplaneten unseres Sonnensystems mit einem felsigen, mineralischen Kern. Sie umkreisen die Sonne ganz ähnlich wie die großen Planeten. Zwischen Mars und Jupiter gibt es einen großen Asteroidengürtel, in dem sich die meisten bisher beobachteten Asteroiden befinden. Manche Asteroiden ziehen einfach auf ihrer Bahn durch das Sonnensystem; nur wenige lassen einen Trümmerpfad hinter sich zurück, der beträchtlich genug ist, um einen Meteorstrom zu verursachen.

Manche Meteorsströme treten regelmäßig auf. Dazu gehören die meisten, die in diesem Kapitel vorgestellt werden. Es gibt auch „periodische" Meteorströme, die weniger beständig auftreten: In manchen Jahren können sie sehr aktiv sein, in anderen ist vielleicht gar kein Meteor wahrnehmbar (ein Beispiel hierfür sind die Draconiden). Überdies sind Meteorströme nicht auf der ganzen Erde, sondern nur in bestimmten Teilgebieten sichtbar, abhängig von der Position des Trümmerfelds. Diese Unvorhersagbarkeit und ihre kurze Lebensspanne machen Meteore zu einem solch magischen Schauspiel.

Um einen Meteorsstrom zu sehen, sollte man zwischen Mitternacht und Morgendämmerung Ausschau halten. Dann ist die Sicht am besten, weil der Himmel dunkel ist und die meisten Radianten – die Punkte am Himmel, von denen die Meteore auszugehen scheinen – höher am Himmel stehen. Wenn man einen Meteorsstrom beobachten will, sollte man sich nicht auf den Radianten (oft ein Sternbild oder eine Sternkonstellation) direkt konzentrieren. Man hat bessere Chancen, wenn man den Raum rund um den Radianten und, in manchen Fällen wie bei den Leoniden, den ganzen Himmel im Blick hat. Am besten ist es, wenn man versucht, die Meteorströme an ihren Tagen mit der höchsten Meteoraktivität zu beobachten; oft gibt es vorab Voraussagen der NASA, die eine genauere Schätzung beinhalten. Man kann seine Chancen, eine Sternschnuppe zu sehen, durch Vorausplanung erhöhen, muss sich dabei aber bewusst sein, dass die Termine sich in jedem Jahr um einen oder zwei Tage verschieben können. Ungeeignet sind Vollmondnächte (abgesehen von den Stunden vor Mondauf- oder nach Monduntergang). Und nicht vergessen: Wer eine Sternschnuppe sieht, darf sich etwas wünschen!

Kurzdefinitionen

Komet: ein kleiner Himmelskörper im Sonnensystem, der überwiegend aus Eis besteht, aber auch Staub- und Gesteinspartikel beinhaltet

Asteroid: kleiner, hauptsächlich aus Gestein bestehender Himmelskörper, der meist aus unserem Sonnensystem, manchmal aber auch von außerhalb stammt

Meteoroid: ein sehr kleines Objekt aus Gestein oder Staub, das größer als ein Molekül ist, dessen Durchmesser aber weniger als 100 m beträgt

Meteor: die Leuchterscheinung, die entsteht, wenn ein Meteoroid in Kontakt mit der Erdatmosphäre kommt

Meteorit: ein kleinerer Festkörper aus dem Weltall, der ohne vollständig zu verglühen die Erdatmosphäre durchquert hat und auf der Erde eingeschlagen ist

Fotomontage des Meteorstroms der Perseiden im Jahr 2016

Quadrantiden

28. DEZEMBER–12. JANUAR

Viele Kulturen feiern den Beginn jedes neuen gregorianischen Kalenderjahrs mit einem Feuerwerk, aber wer weiß schon, dass man zu dieser Zeit auch ein Himmelsfeuerwerk bewundern kann? Der eher unbekannte Meteorstrom der Quadrantiden tritt um Neujahr herum auf und erreicht sein Maximum meist am 3. Januar.

Im Maximum sind die Quadrantiden so aktiv wie andere Meteorströme, etwa die Perseiden oder die Geminiden. Die meisten Menschen bekommen von diesem Meteorstrom allerdings nichts mit. Das liegt teilweise daran, dass seine Aktivitätsspitze viel kürzer ist als die anderer Meteorströme: Sie beschränkt sich in der Regel gerade einmal auf acht Stunden, die in bestimmten Zeitzonen vielleicht sogar mitten am Tag liegen. In diesem kurzen Maximum kann man bis zu 50 oder gar 100 Meteore pro Stunde sichten. In den anderen Nächten brin-

gen es die Quadrantiden auf ca. zehn bis 15 Meteore pro Stunde.

Die Ursache der Quadrantiden ist nicht vollständig bekannt, obwohl dieser Meteorstrom schon seit Jahrhunderten beobachtet wird. Man nimmt an, dass es sich bei den Quadrantiden um einen relativ jungen, in den letzten 500 Jahren entstandenen Meteorstrom handelt, dessen Mutterkörper entweder ein damals von chinesischen, japanischen und koreanischen Astronomen entdeckter Komet (heute C/1490 Y1 genannt) oder der Asteroid 2003 EH1 ist. Zum Rätsel um diesen Meteorsstrom trägt auch bei, dass das Sternbild, nach dem er benannt ist, heute nicht mehr offiziell anerkannt ist. Der Name Quadrantiden geht auf das Sternbild Mauerquadrant (Quadrans Muralis) zurück, das im späten 18. Jh. definiert wurde. Im frühen 20. Jh. wurde das Sternbild jedoch in das Sternbild Bärenhüter (Bootes) einbezogen.

Links: der Große Wagen; rechts: Warten auf die Quadrantiden in Miacatlán, Mexiko

Um die Quadrantiden zu finden, sucht man nach dem Großen Wagen. Folgt man der „Deichsel" des Großen Wagens, findet man den Radianten der meisten Meteore im Raum zwischen dem letzten Stern des Großen Wagens und dem Sternbild Drache. Man kann auch zum orangeroten Riesen Arktur blicken, dem vierthellsten Stern am Nachthimmel. Der Radiant des Meteorstroms liegt in seiner Nähe.

Der Meteorstrom der Quadrantiden wurde erst 1825 in der Nähe des mittlerweile nicht mehr offiziell geführten Sternbilds Mauerquadrant (Quadrans Muralis) beobachtet. Dieses wurde 1795 von dem französischen Astronomen Jérôme Lalande nach dem astronomischen Instrument benannt, mit dem frühe Astronomen die Sternenpositionen am Himmel bestimmten und festhielten. So sind die Quadrantiden tief mit der Geschichte der Astronomie verknüpft.

Praktische Informationen

Zeit: 28. Dezember bis 12. Januar

Typisches Maximum: 3.–4. Januar

Ort der Sichtbarkeit: nördliche Hemisphäre, teilweise sichtbar bis 50 ° südlicher Breite

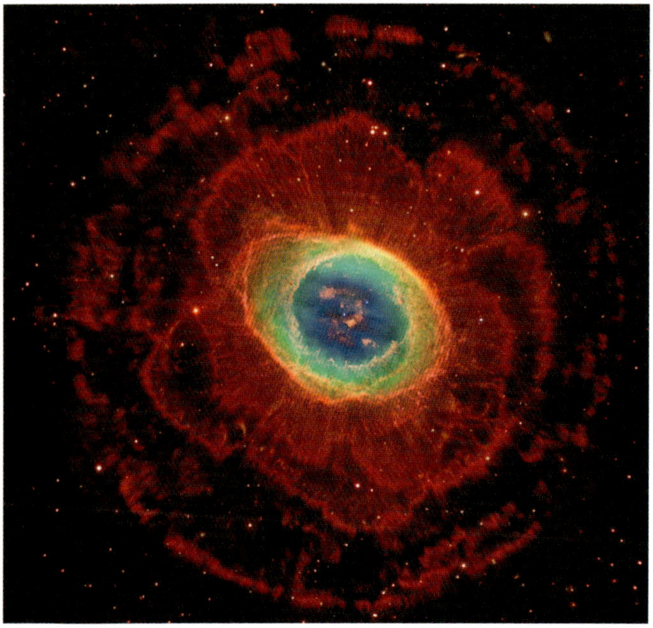

Lyriden

16.–26. APRIL

Die Lyriden, die jedes Jahr von Mitte bis Ende April auftreten, sind der Meteorsstrom, über den die ältesten Aufzeichnungen existieren: Er wurde bereits 687 v. Chr. von chinesischen Astronomen verzeichnet. Die Lyriden sind zwar nicht so aktiv wie andere Meteorströme (zum Maximum am 22. und 23. April sind durchschnittlich 15–20 Meteore pro Stunde zu beobachten), machen dies aber durch ein anderes Phänomen wett. Einige ihrer Meteore sind so hell, dass sie Schatten werfen und als eine Spur rauchender Trümmer über den Himmel ziehen. Man bezeichnet diese Meteore als Boliden, Feuerkugeln oder Feuerbälle. Zudem kann es zu einer Zunahme der Intensität der Lyriden kommen, wenn ihre Staubwolke von anderen Planeten beeinflusst wird – ein Ereignis, das unvorhersagbar ca. alle 20 Jahre auftritt. Dann kann die Häufigkeit der Meteore auf das fünf- bis 35-fache des Normalen steigen: 1802 wurden 700 Meteore pro Stunde gezählt!

Von oben im Uhrzeigersinn: der Meteorschauer der Lyriden in der Sierra Nevada; ein Lyriden-Meteor am Himmel; der rot leuchtende Ringnebel

Der Mutterkörper der Lyriden ist der Komet C/1861 G1 Thatcher, der eine sehr lange Umlaufbahn um die Sonne hat. Seine nächste Rückkehr wird 2276 erwartet. Langperiodische Kometen haben eine Umlaufzeit von über 200 bis unendlich vielen Jahren (dabei handelt es sich um Kometen, deren Rückkehr noch nicht beobachtet wurde oder deren Bahn eine Rückkehr ausschließt). Der Komet Thatcher besitzt eine Umlaufzeit von 415 Jahren.

Um die Lyriden zu sehen, konzentriert man sich auf den Bereich um den Radianten der Meteore nahe dem Sternbild Leier (Lyra). Die Wega oder Alpha Lyrae ist der fünfthellste Stern am Nachthimmel und der hellste im Sternbild Leier; an ihm kann man sich orientieren, um das Sternbild zu finden. In zu großer Nähe zum Radianten erscheinen die Meteore verkürzt. Während man auf einen Boliden wartet, kann man in der Nähe der Wega auch noch den Ringnebel bewundern.

Teleskope helfen bei der Suche nach Meteoren nicht; es lohnt sich dennoch, eines dabei zu haben, wenn man nach den Lyriden Ausschau hält. Der Ringnebel im Sternbild der Leier ist der bekannteste Planetarische Nebel, der am Nachthimmel sichtbar ist. Um den Ringnebel zu sehen, braucht man kein professionelles Teleskop, schon mit einem kleineren Gerät mit einer Öffnung von mindestens 76 mm kann man die Ringform erkennen.

Praktische Informationen

Zeit: 16.–26. April

Typisches Maximum: 22. bis 23. April

Ort der Sichtbarkeit: nördliche Hemisphäre

Eta-Aquariiden

19. APRIL–28. MAI

Noch bevor die Lyriden enden, setzt im April ein Meteorstrom ein, der besser in der südlichen Hemisphäre zu sehen ist. Die Eta-Aquariiden (auch Mai-Aquariiden) beginnen alljährlich Mitte April und setzen sich mehrere Wochen in den Mai hinein fort. Erstmals wurde dieser Meteorstrom 1870 beobachtet, während sein Ursprungskörper, der Halleysche Komet, wohl schon 467 v. Chr. erstmals verzeichnet wurde. Am Maximum der Eta-Aquariiden sind zwischen zehn und 20 Meteore pro Stunde zu erwarten.

Die Eta-Aquariiden sind darin einmalig, dass es kein deutlich erkennbares Maximum der Aktivität gibt. Eine Woche rund um das Hauptmaximum (5.–6. Mai) gibt es eine leichte Aktivitätszunahme. So können Beobachter die Eta-Aquariiden fast jedes Jahr sehen, abhängig allerdings von den Mondphasen: Fällt der Vollmond in die Spitzenwoche, reduziert das die Chancen auf eine Sichtung. Wie bei den Lyriden gibt es eine gelegentliche Zunahme der Meteoraktivität aufgrund der Einflüsse anderer Planeten, aber insgesamt gehören die Eta-Aquariiden zu den Meteorschauern mit der von Jahr zu Jahr beständigsten Aktivität und Dauer.

Angesichts der Jahreszeit und des Radianten der Eta-Aquariiden kann man diesen Meteorstrom am besten in der Nähe des Äquators beobachten. Die Meteore scheinen ihren Ursprung in der Nähe des Sternbilds Wassermann (Aquarius) zu haben, das für Beobachter in der nördlichen Hemisphäre am südlichen Himmel und für Beobachter in der südlichen Hemisphäre höher am Himmel steht.

Von oben im Uhrzeigersinn: Feuerkugel und Doppelmeteore der Eta-Aquariiden über dem Half Dome im Yosemite National Park; zwei Bilder des Halleyschen Kometen

Der Halleysche Komet kreist nicht mehr nahe genug an der Erde, um in der Umlaufbahn des Planeten eine Teilchenspur zu hinterlassen. Daher werden die Eta-Aquariiden erlöschen, sobald sich die vorhandenen Teilchen im Sonnensystem verteilt haben. Das wird allerdings nicht so schnell geschehen: Es wird noch Jahrtausende dauern, bis kein Staub des Halleyschen Kometen mehr in der Erdumlaufbahn verblieben ist.

Praktische Informationen

Zeit: 19. April–28. Mai

Typisches Maximum: die Woche um den 5.–6. Mai

Ort der Sichtbarkeit: Äquatorzone bis 30 ° südlicher Breite

Delta-Aquariiden

12. JULI–23. AUGUST

Die Südlichen Delta-Aquariiden und die zugehörigen Nördlichen Delta-Aquariiden sind zwei neuere, wenig erforschte Meteorströme, die jedes Jahr auftreten. Erstmals wurden sie unabhängig voneinander in den Jahren 1870 und 1938 beobachtet; ihr

Zusammenhang wurde erst 1952 erkannt. Die Südlichen Delta-Aquariiden gelten als der stärkere Strom und sind leichter zu beobachten.

Die Südlichen Delta-Aquariiden haben eine Fallrate von 15 bis 20 Meteoren mit einem Maximum von ca. 18 Meteoren pro Stunde am 28. und 29. Juli. Diese Zahl ist zwar nicht so hoch wie die anderer Meteorströme, aber durchaus beachtlich. Wer die Südlichen Delta-Aquariiden in der nördlichen Hemisphäre beobachten will, muss aber mit einer weit geringeren Zahl von Meteoren rechnen, weil einige jenseits des Horizonts auftreten.

Der (oder die) Mutterkörper der Delta-Aquariiden sind noch nicht ermittelt. Die überzeugendste Hypothese ist derzeit, dass beide Meteorströme von dem Kometen 96P/Machholz verursacht werden, den man 1986 erstmals beobachtete. Machholz gilt als „Sonnenstreifer": Er hat eine kurze Umlaufzeit und passiert die Sonne bei jedem Umlauf in einem Abstand von nur wenigen tausend Kilometern. Möglicherweise ist er der Rest eines größeren Sonnenstreifers, der zerbrach und den Staubpfad hinterließ, der die Meteorströme der Südlichen und Nördlichen Delta-Aquariiden verursacht.

Um den Meteorstrom der Südlichen Delta-Aquariiden zu sehen, sucht man das Sternbild des Wassermanns. Der Radiant der Delta-Aquariiden ist der Stern Delta Aquarii (der auch als Skat bezeichnet wird), ein leicht bläulicher Zwergstern nahe der „Mitte" des Sternbilds. Man muss sich an einem Ort mit dunklem Nachthimmel befinden, um die Delta Aquarii zu sichten; je näher man sich dem Äquator und der südlichen Hemisphäre befindet, desto größer sind die Chancen, diese Meteore zu sehen.

Der Meteorstrom der Nördlichen Delta-Aquariiden tritt später auf als sein südliches Pendant. Dieser Meteorstrom ist im August zu sehen und hat sein Maximum zur selben Zeit wie die Perseiden. Wenn man zur Zeit der Perseiden einen Meteor sieht, der von einem Radianten am Südhimmel auszugehen scheint (und nicht vom Nordhimmel, wo der Radiant der Perseiden liegt), gehört dieser wahrscheinlich zu den Nördlichen Delta-Aquariiden.

Praktische Informationen

Zeit: 12. Juli–23. August

Typisches Maximum: 28. bis 29. Juli

Ort der Sichtbarkeit: südliche Hemisphäre

Ein Meteor der Südlichen Delta-Aquariiden vor der Milchstraße.

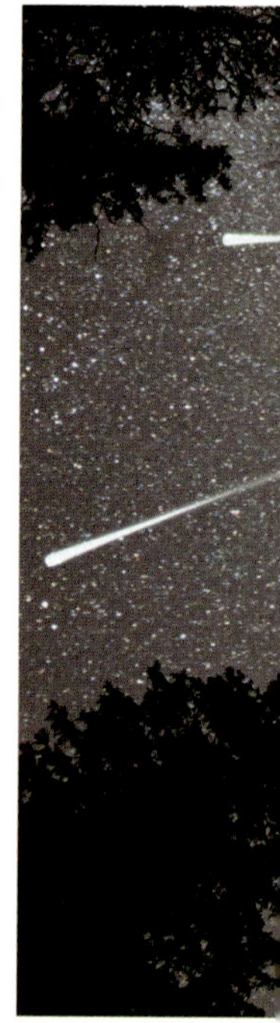

Perseiden

17. JULI–24. AUGUST

Die Perseiden sind vielleicht der beständigste, bekannteste und bestdokumentierte jährlich auftretende Meteorstrom – und auch der am leichtesten zu beobachtende in der nördlichen Hemisphäre, weil sein Maximum in den Hochsommer zwischen Mitte Juli und Mitte August fällt.

Die Trümmerspur, die den Perseidenstrom auslöst, stammt vom Kometen Swift-Tuttle, der in 133 Jahren um die Sonne kreist und zum letzten Mal 1992 gesehen wurde. Aufzeichnungen über die Perseiden reichen bis ins Jahr 36 n. Chr. zurück, als die Meteore erstmals von Chinesen beobachtet wurden. Der Zusammenhang zwischen den Meteoren und dem Kometen Swift-Tuttle wurde aber erst verstanden, als der Komet Mitte des 19. Jhs. an der Erde vorbeizog. Inzwischen können die Astronomen verlässlich die Nacht des Meteor-Maximums und die Häufigkeit der zu erwarten-

Links: Perseidenstrom am Nachthimmel über dem Broadway Tower in Worcestershire; rechts: der Perseidenstrom in einer Langzeitaufnahme

den Meteore vorherzusagen. Meist erreichen die Perseiden ein Maximum von 60 bis 70 Meteoren pro Stunde; in Jahren mit einem „Meteorsturm" sind es dagegen zwischen 100 und 200 Meteoren pro Stunde.

In der Regel liegt das Perseiden-Maximum zwischen dem 11. und dem 13. August; offiziell beginnt der Meteorstrom um den 17. Juli und setzt sich bis zum 24. August fort. Die Meteore des Perseidenstroms scheinen ihren Ursprung im Sternbild Perseus zu haben, das im Sommer in der nördlichen Hemisphäre gut sichtbar ist.

Aufgrund der meist günstigen Witterung im August auf der Nordhalbkugel braucht man (anders als vielleicht für im Winter auftretende Meteorschauer) keine spezielle Ausrüstung, um die Perseiden zu beobachten. Man kann sich aber bei seinem örtlichen Astronomieclub nach Veranstaltungen erkundigen, wenn man sich nicht einfach mit Freunden zu einem Ort mit dunklem Nachthimmel aufmacht. Die meisten Astronomie-Vereine und Observatorien informieren über Veranstaltungen, denn die Perseiden sind so beliebt, dass viele Menschen eigens anreisen, um sie von einem günstigen Standort aus zu sehen. Die Perseiden sind der Star unter den jährlich auftretenden Meteorströmen.

Da die Perseiden der auffälligste Meteorstrom im Jahr sind, gewann man durch ihre Erforschung viele Erkenntnisse über Meteorströme. 1866 erkannte der italienische Astronom Giovanni Schiaparelli, dass die Trümmerspur des periodischen Kometen Swift-Tuttle der Ursprung der Perseiden ist. Schiaparelli bestimmte als Erster die Verbindung zwischen Kometen und Meteorschauern.

Praktische Informationen

Zeit: 17. Juli–24. August

Typisches Maximum: 11. bis 13. August

Ort der Sichtbarkeit: in der gesamten nördlichen Hemisphäre

Draconiden

6.–10. OKTOBER

Die Beobachtung der Draconiden ist sehr stark von den Mondphasen abhängig. Der kurze Meteorstrom dauert jedes Jahr vom 6. bis zum 10. Oktober mit einem Maximum am 8. und 9. Oktober. Wenn der Mond in diesen Tagen zu hell ist (sich irgendwo zwischen dem zunehmenden und dem abnehmenden Viertel befindet), kann man die Draconiden, abhängig vom Zeitpunkt des Mondaufgangs, vielleicht gar nicht gut sehen. Sonst sind die Draconiden ein kurzer, aber faszinierender Meteorschauer.

Die Draconiden haben ihre Ursache im Kometen 21P/Giacobini-Zinner, weshalb sie manchmal auch als Giacobiniden bezeichnet werden. Giacobini-Zinner hat eine Umlaufzeit von sechs Jahren; die Staubspur, die er hinterlässt, sorgt für einen sehr variablen Draconidenstrom. In manchen Jahren kann man Tausende Meteore pro Stunde zählen, in anderen treten nur sehr wenige sichtbare Meteore auf. Astronomen versuchen jedes Jahr, das Niveau der Aktivität der Draconiden vorherzusagen; bisher gibt es aber noch kein verlässliches Prognosemodell.

Um die Draconiden zu beobachten, sucht man am Himmel nach dem Sternbild Drache (Draco), das das ganze Jahr über in der nördlichen Hemisphäre sichtbar ist. Der Schwanz des Drachen liegt zwischen dem zum Sternbild Großer Bär (Ursa Major) gehörenden Großen Wagen und dem Kleinen Bären (Ursa Minor). Die Meteore scheinen ihren Ursprung beim „Kopf" des Drachens zu haben, weshalb manche Astronomen scherzhaft sagen, in besonders aktiven Jahren speie der Drache Feuer.

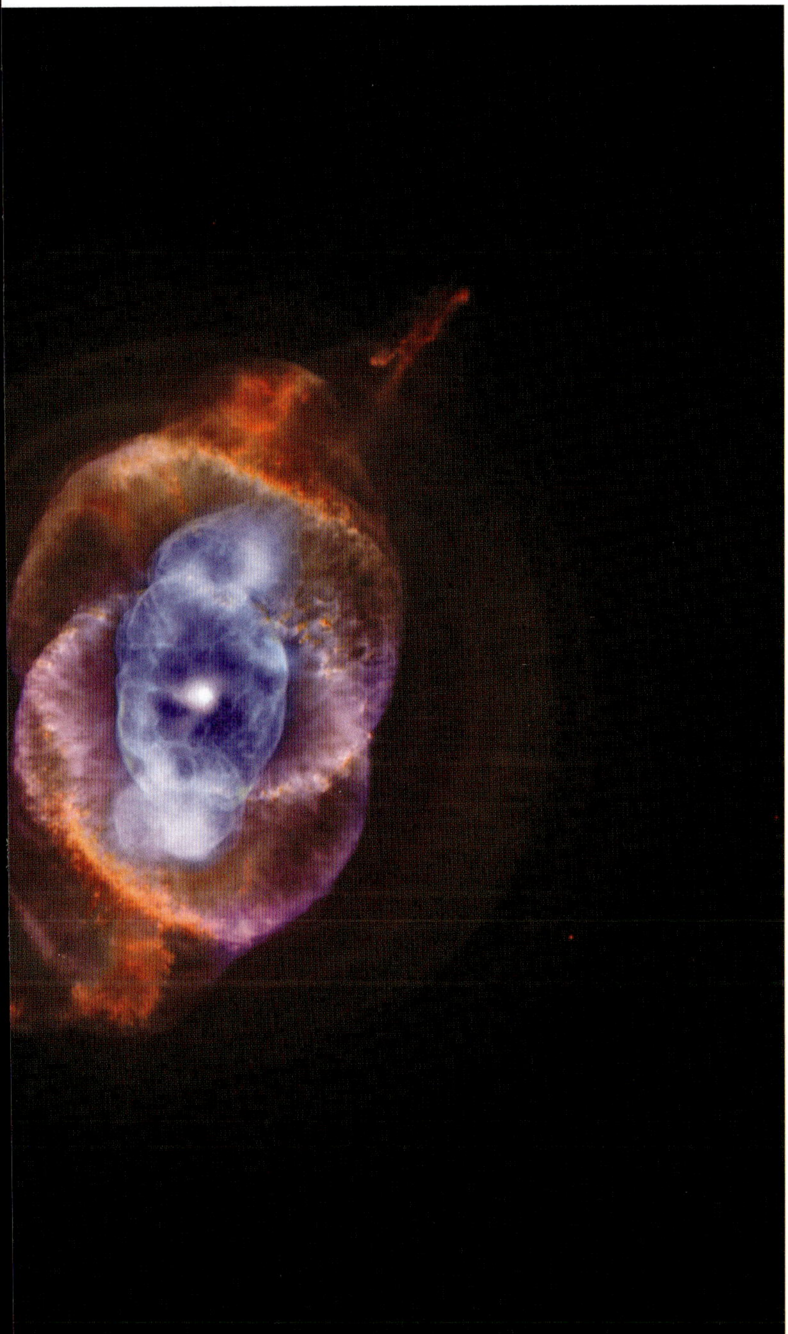

Auch in Jahren mit wenig Draconiden kann man den Katzenaugennebel im Sternbild Drache sehen. Schon mit einem Amateur-Teleskop lässt sich den Katzenaugennebel als bläulichgrüner Fleck an der Rückenkrümmung des Drachens erkennen.

Praktische Informationen

Zeit: 6.–10. Oktober

Typisches Maximum: 8. bis 9. Oktober

Ort der Sichtbarkeit: nördliche Hemisphäre

Ganz links: Ein zu heller Mond überstrahlt die Meteore. Links: Der Katzenaugennebel ist sehr komplex und setzt sich aus elf Ringen zusammen.

Orioniden

2. OKTOBER–7. NOVEMBER

Nach den Perseiden sind die Orioniden und die Geminiden die bekanntesten und ergiebigsten jährlichen Meteorströme. Die Orioniden lassen sich besonders gut beobachten und aufspüren, weil ihr Radiant im Sternbild Orion liegt, das wegen seiner Lage am Himmelsäquator überall auf der Erde zu sehen ist. Die Orioniden werden wie die Eta-Aquariiden von der Trümmerspur des Halleyschen Kometen verursacht, die dieser bei seiner 76-jährigen Reise um die Sonne zurücklässt. Anders als die Eta-Aquariiden sind die Orioniden ein dichterer und aktiverer Meteorstrom mit ausgeprägten Spitzentagen.

Die Orioniden wurden erstmals im frühen 19. Jh. beobachtet und bald darauf auf den Halleyschen Kometen zurückgeführt. Dieser Meteorstrom tritt alljährlich zwischen dem 2. Oktober und dem 7. November auf; das Maximum liegt meist um den 21. und 22. Oktober. Für Beobachter in der nördlichen Hemisphäre ist es dann schon länger dunkel und noch nicht zu kalt. In der südlichen Hemisphäre ist das Frühjahr noch nicht so weit fortgeschritten, dass lange Sommertage die Beobachtung behindern. Beim Orioniden-Maximum lassen sich zwischen 20 und 30 Meteore pro Stunde sehen; in Jahren mit höherer Aktivität kann das Maximum zwischen 50 und 70 Meteoren pro Stunde betragen.

Um die Orioniden zu sehen, sucht man am Nordhimmel nach dem Sternbild Orion, das leicht an seinen drei „Gürtelsternen" sowie an den Sternen Beteigeuze (an seiner Schulter) und Rigel (an seinem Fuß) zu erkennen ist. Die Meteore scheinen von einem Punkt über dem Arm Orions auszugehen.

Oben: der Orion über dem Himalaja im Sagarmatha-Nationalpark in Nepal; links: der Halleysche Komet 1986

Wie kann ein Komet gleich zwei Meteorströme verursachen? Die Erde durchfliegt auf ihrem Weg um die Sonne zweimal das vom Halleyschen Kometen entlang seiner Bahn hinterlassene Teilchenfeld: Wenn die Erde den von der Sonne wegführenden Teil der Kometenbahn kreuzt, sehen wir den Meteorstrom der Eta-Aquariiden (Mitte April–Mai), wenn sie den zur Sonne hinführenden Teil der Bahn kreuzt, sehen wir die Orioniden (im Oktober).

Praktische Informationen

Zeit: 2. Oktober–7. November

Typisches Maximum: 21. bis 22. Oktober

Ort der Sichtbarkeit: weltweit

Tauriden

10. SEPTEMBER–20. NOVEMBER

Die Tauriden werden von einem breiten Trümmerband verursacht, das von einem großen Kometen hinterlassen wurde, der vor ca. 30 000 bis 20 000 Jahren zerbrach und der Mutterkörper des Kometen und des Asteroiden war, die heute die Tauriden verursachen. Ein Fragment, der Komet Encke, ist für die Meteore der Südlichen Tauriden verantwortlich; die einen Monat später auftretenden Nördlichen Tauriden stammen von dem Asteroiden 2004 TG10. Der Meteorstrom besteht also aus den zuerst auftretenden Südlichen und den später folgenden Nördlichen Tauriden. Die Südlichen Tauriden sind zwischen dem 10. September und dem 20. November nur in der südlichen Hemisphäre und der Äquatorzone zu beobachten (Maximum: ca. 10. und 11. Oktober). Im Maximum sind fünf bis zehn Meteore pro Stunde sichtbar.

Wenn die Erde in den dichtesten Teil des Trümmerfelds des Asteroiden 2004 TG10 eintritt, sind die Nördlichen Tauriden zu sehen. Das geschieht alljährlich zwischen dem 20. Oktober und dem 10. Dezember (Maximum: ca. 12. und 13. November), wobei die Aktivitätsperiode weniger ausgeprägt ist als bei den Südlichen Tauriden. Im Maximum kann man fünf bis zehn Meteore pro Stunde sehen, deren Radiant etwas niedriger im Sternbild des Stiers (Taurus) liegt.

Die Meteorströme haben zwar zwei unterschiedliche Aktivitätszeiten, gehören aber zum gleichen breiten Trümmerband. Um die Tauriden zu sehen, sucht man das Sternbild Stier nahe dem westlichen Horizont. Man findet es vom Sternbild Orion aus, wenn man sich vorstellt, dass Pfeil und Bogen des mythischen Jägers auf den Stier zielen.

Die Radianten der Südlichen und der Nördlichen Tauriden liegen nahe dem Sternbild Stier. Besonders achten sollte man auf helle Feuerkugeln, die möglicherweise in einem Sieben-Jahres-Zyklus auftreten. Solche Feuerkugeln waren z. B. 2005 und 2013 zu sehen, und man hat sogar schon den Einschlag eines Tauriden-Meteors auf den Mond beobachtet!

Oben: das Sternbild des Stiers über dem Himalaja; unten: der Sternhaufen der Plejaden oder Sieben Schwestern im Sternbild Stier

Bevor er vor 30 000 bis 20 000 Jahren in Einzelteile zerbrach, hatte der Mutterkörper des Kometen Encke und des Asteroiden 2004 TG10 schon eine lange Geschichte in unserem Sonnensystem hinter sich. Er erzeugte gewaltige Meteorströme, die einige Forscher mit neolithischen Bauwerken in einigen Teilen der Welt in Verbindung bringen. Andere vermuten, dass ein Bruchstück des Kometen auf der Erde für ein Massensterben sorgte.

Praktische Informationen

Südliche Tauriden: Zeit: 10. September–20. November

Südliche Tauriden: Typisches Maximum: 10.–11. Oktober

Nördliche Tauriden: Zeit: 20. Oktober–10. Dezember

Nördliche Tauriden: Typisches Maximum: 12.–13. November

Ort der Sichtbarkeit: weltweit

Leoniden

6.–30. NOVEMBER

Den Meteorströmen des Oktobers folgen die Leoniden, die beginnen, wenn die Tauriden enden. Die Leoniden sind zwar nicht immer der aktivste Meteorstrom, aber in bestimmten Jahren übertrifft ihre Meteorrate die aller anderen Meteorströme zusammen!

Hubble machte diese Aufnahme des Tripletts, das auch als M66-Gruppe bekannt ist. Wenn man die Leoniden mit einem Teleskop beobachtet, kann man auch diese Galaxiengruppe sehen.

© NASA, ESA and the Hubble Heritage (STScI/AURA)-ESA/HubbleCollaboration)

Die Leoniden sind zu sehen, wenn die Erde die Trümmerbahn durchquert, die der Komet Tempel-Tuttle bei seiner 33 Jahre langen Reise um die Sonne hinterlässt. In dieser Zeit kann man in der Regel zwischen 15 und 50 Meteore pro Stunde sehen, aber die Zahl schwankt stark von Jahr zu Jahr. Überdies bringen die Leoniden gelegentlich einen „Meteorsturm" mit mehr als 1000 Meteoren pro Stunde hervor. Dies geschieht, wenn die Erde die Umlaufbahn des Kometen kreuzt, kurz nachdem dieser das innere Sonnensystem durchquert hat. Diese „Meteorstürme" werden seit der Mitte des 19. Jhs. genau verfolgt.

In der jüngeren Geschichte hat es zwei besonders starke Leoniden-Meteorströme gegeben. Am Maximum des Meteorstroms 1833 waren schätzungsweise zwischen 25 000 und 100 000 Meteore pro Stunde sichtbar. In Zeitungsartikeln äußersten sich berühmte Persönlichkeiten, darunter Abraham Lincoln, Harriet Tubman und Frederick Douglass, zu dem Ereignis. Ein weiterer gewaltiger Meteorstrom ereignete sich 1966 und half den Astronomen, die wahrscheinliche Verbindung des Meteorstroms mit dem Kometen Tempel-Tuttle nachzuweisen.

Die Leoniden sind in beiden Hemisphären zu sehen; ihr Radiant liegt im Sternbild Löwe (Leo). Um den Löwen zu finden, sucht man am östlichen Himmel den hellen Stern Regulus. Der Radiant der Leoniden befindet sich etwas höher am Himmel nahe der Mähne des Löwen. In der südlichen Hemisphäre muss man wegen der langen Tage und der Position des Löwen am Himmel möglicherweise lange aufbleiben bzw. sehr früh aufstehen, um die Meteore vor der Morgendämmerung zu sehen.

Selbst in ruhigen Jahren lohnt es sich, während der Leoniden in die Sterne zu schauen. Mit einem Fernglas oder einem Amateur-Teleskop kann man die Galaxien M65 und M66 im Sternbild Löwe betrachten. Sie finden sich unter dem Körper des Löwen und stehen so günstig, dass man die Spiralform beider Galaxien erkennen kann.

Praktische Informationen

Zeit: 6.–30. November

Typisches Maximum: 17. bis 18. November

Ort der Sichtbarkeit: weltweit

Geminiden

4.–17. DEZEMBER

Der vorletzte Meteorstrom des Jahres ist einer der besten. Die Geminiden, die zwischen dem 4. und 17. Dezember auftreten, werden immer stärker und übertreffen wahrscheinlich in einigen Jahren alle Meteorströme an Intensität. Das Maximum der Geminiden fällt meist auf den 14. und 15. Dezember; in einem normalen Jahr kann man dann bis zu 100 oder

Links: der Meteorstrom der Geminiden; rechts: die Geminiden über China

gar 200 Meteore pro Stunde sehen. Die Rate der Meteoraktivität bei den Geminiden wächst derzeit wegen der Umlaufbahn des die Geminiden verursachenden Asteroiden (und wird nach 2200 wieder abnehmen).

Die Geminiden sind einer von nur zwei Meteorströmen, die von einem Asteroiden und nicht von einem Kometen verursacht werden. Ihre Ursache ist die Trümmerspur des Asteroiden 3200 Phaethon, der oft als Gesteinskomet bezeichnet wird (im Gegensatz zu den meisten Kometen, die vor allem aus Eis bestehen). Dieser Asteroid hat eine 1,4 Jahre dauernde Umlaufbahn, die ihn näher an die Sonne bringt als jeden anderen Asteroiden unseres Sonnensystems. Da sich 3200 Phaethon in unserer Nähe befindet, kann man ihn gut beobachten, um die Geminiden und andere Meteorströme besser zu verstehen.

Um die Geminiden zu sehen, sucht man nach dem Sternbild Zwillinge (Gemini), das über der Schulter des Orion am Himmel steht. Die Meteore scheinen von den Köpfen der Zwillinge auszustrahlen, aber man hat eine bessere Chance, sie zu sehen, wenn man nicht direkt auf den Radianten blickt. Die Geminiden-Meteore sind nicht so schnell wie die anderer Meteorströme und daher leichter zu entdecken. Den besten Blick auf sie hat man von jedem Standort aus um 2 Uhr Ortszeit.

Unter einem dunklen Nachthimmel sieht man im Sternbild Zwillinge mit bloßem Auge ein unglaubliches astronomisches Objekt: M35 ist ein offener Sternhaufen aus mehreren tausend Sternen nahe dem Fuß eines der Zwillinge. Man findet M35 auch, wenn man den Blick von dem hellen Stern Beteigeuze im Orion in Richtung der Zwillinge wendet. M35 sieht am Himmel wie eine winzige Wolke aus, besteht aber aus Tausenden Sternen.

Praktische Informationen

Zeit: 4.–17. Dezember

Typisches Maximum: 14. bis 15. Dezember

Ort der Sichtbarkeit: nördliche Hemisphäre, aber auch südliche Hemisphäre

Ursiden

16.–26. DEZEMBER

Das Kalenderjahr endet, wie es begann – mit einem natürlichen Feuerwerk am Nachthimmel. Der Meteorstrom der Ursiden ist eher kurz: Er erstreckt sich vom 16. bis zum 26. Dezember mit dem Maximum rund um die Sonnenwende am 22. und 23. Dezember. Dabei kann man je nach Jahr zwischen fünf und zehn Meteore erwarten. Ähnlich den Quadrantiden ist das Maximum der Ursiden nicht lang: nur ca. zwölf Stunden, in denen sich die höchste Meteoraktivität zeigt.

Die Ursiden werden vom Kometen 8P/Tuttle verursacht, der erstmals Mitte des 19. Jhs. beobachtet wurde. Bei ihm handelt es sich wahrscheinlich um einen sogenannten Contact-binary-Kometen, einen Kometen, der aus zwei einst separaten Himmelskörpern besteht, die sich dank der Schwerkraft so lange annäherten, bis sie sich schließlich berührten. 8P/Tuttle ist der größte bekannte Komet dieser Art und der einzige, der einen Meteorsstrom verursacht.

Die Ursiden sind sehr leicht zu finden, da sie scheinbar von einem Punkt im Kleinen Bären (Ursa Minor) ausstrahlen. Sie stehen direkt über dem Großen Wagen am Himmel, nahe dem Polarstern. Da die Ursiden in der nördlichen Hemisphäre mitten in den Winter fallen, muss man am Himmel nur nach Norden oder, wenn man sich sehr hoch im Norden befindet, nach oben schauen.

Oben: der Große und der Kleine Bär über Portal, Arizona; rechts: Ein Wanderer in Neufundland blickt auf den Großen Wagen.

Der Komet 8P/Tuttle, der die Ursiden verursacht, ist nach dem berühmten US-amerikanischen Astronomen Horace Parnell Tuttle benannt. Tuttle war auch einer der Entdecker des Kometen Swift-Tuttle, der die Perseiden im August verursacht, und des Kometen Tempel-Tuttle, der für die Leoniden im November verantwortlich ist.

Praktische Informationen

Zeit: 16.–26. Dezember

Typisches Maximum: 22. bis 23. Dezember

Ort der Sichtbarkeit: nördliche Hemisphäre

Polarlichter

Es gibt viele Gründe, dankbar für die Sonne zu sein. Nicht zuletzt liefert sie das Licht und die Wärme, die für das Überleben unserer Spezies notwendig sind. Die Sonne ist aber auch der Grund für eines der spektakulärsten Schauspiele am Himmel: die Polarlichter.

Unsere Sonne ist ein dynamischer Stern, der seine Energie aus Kernfusion bezieht. Ohne Pause sendet die Sonne elektrisch geladene Teilchen mit einer Geschwindigkeit von mindestens 400 km/s ins All. Wenn diese sogenannten Sonnenwinde und -stürme bzw. koronalen Massenauswürfe in ausreichender Intensität auf die Erde prallen, erzeugen sie die faszinierenden Polarlichter. Diese zu beobachten, ist eines der größten Highlights des Wintertourismus in den höchsten nördlichen und tiefsten südlichen Breiten und für viele Reisende ein einmaliges, unvergessliches Erlebnis.

Polarlichter entstehen, wenn elektrisch geladene Protonen und Elektronen auf das Magnetfeld der Erde stoßen. Von diesem werden sie in die Polregionen abgelenkt, wo sie dann in ca. 70 bis 400 km Höhe auf die Atome in unserer Atmosphäre treffen und diese zum Leuchten bringen. Je nachdem, auf welche Atome sie treffen und in welcher Höhe der Erdatmosphäre dies geschieht, verändern sich Intensität und Farbe der Polarlichter von Weiß zu Rot, von Violett zu Grün und, wenn Stickstoffatome getroffen werden, zu Blau. Fast wirkt es so, als ob die Lichter am Himmel tanzen würden. Übrigens: Auch auf anderen Planeten treten Polarlichter auf. So konnte das Phänomen bereits auf dem Jupiter und dem Saturn beobachtet werden.

Der Begriff Aurora borealis beschreibt das in der nördlichen Hemisphäre (Nordhalbkugel) auftretende Polarlicht. Geprägt hat ihn Galileo Galilei, wobei er den Namen der römischen Göttin der Morgenröte und das griechische Word für Nordwind kombinierte. Nordlichter zeigen sich in vielen nördlichen Ländern der Nordhalbkugel; besonders gut können sie z.B. in Island, Norwegen und Kanada beobachtet werden. In der Regel tritt das Nordlicht in der Aurora-Oval genannten ellipsenförmigen Zone um den Nordpol auf. Sie deckt sich weitgehend mit dem Polarkreis jener Zone, in der im Sommer die Mitternachtssonne zu sehen ist. Treten besonders starke Sonnenstürme auf, leuchtet der Nachthimmel auch viel weiter südlich, z. B. im Norden der USA oder gar in Mitteleuropa.

Analog dazu tritt das südliche Pendant der Nordlichter, die Aurora australis, vor allem im Aurora-Oval rund um den Südpol auf. Sichtbar sind sie in erster Linie in Australien (besonders in Tasmanien), Neuseeland und Antarktika, manchmal aber auch in der südamerikanischen Region Patagonien und auf den Inseln vor der südamerikanischen Küste wie den Falklandinseln sowie Südgeorgien und den Südlichen Sandwichinseln.

Wer Polarlichter beobachten will, hat also mehrere Reiseziele zur Auswahl. Vor allem aber kommt es auf die richtige Reisezeit an: Polarlichter treten zwar das ganze Jahr über auf, sind aber nur am Nachthimmel sichtbar. Das bedeutet in der Regel, dass man die Reise in die Wintermonate der jeweiligen Hemisphäre legen sollte, wenn die Nächte länger sind. Die Monate November bis Februar sind auf der Nordhalbkugel ideal, von Juni bis August stehen die Chancen auf der Südhalbkugel besonders gut. Wer die faszinierenden Polarlichter erleben will, muss sich folglich meistens auf eiskaltes, verschneites Winterwetter einstellen und entsprechend warme Kleidung einpacken.

Nicht vergessen sollte man außerdem, dass die Sonnenaktivität selbst unregelmäßig verläuft, weshalb Polarlichter bis zu einem gewissen Grad unvorhersehbar sind. In einem ungefähr elf Jahre dauernden Zyklus pendelt die Sonnenfleckenaktivität von einem Minimum zu einem Maximum und wieder zurück. In der Zeit eines Sonnenfleckenmaximums wiederum treten Polarlichter vermehrt auf; das letzte Mal war dies im Jahr 2014 der Fall. Manche Experten glauben, dass wir derzeit in ein längeres Sonnenfleckenminimum als gewöhnlich eintreten, dass also mit weniger Sonnenflecken und schwächeren Sonneneruptionen zu rechnen ist. Falls das zutrifft, dürfte in der nächsten Zeit der Bereich, in dem Polarlichter beobachtet werden können, in nördlichere bzw. südlichere Breitengrade zurückweichen.

Durch immer genauere Beobachtung und Messung der Sonnenaktivität konnten die Wissenschaftler ihre Prognosen zwar stetig verbessern, doch wirklich exakte Vorhersagen sind unmöglich. Wer also ein Reiseziel ansteuert, um Polarlichter zu sehen, kann das Pech haben, dass die Bedingungen nicht mitspielen. Bei einer solchen Reise sollte man daher mindestens zwei oder drei Nächte einplanen, um seine Chancen zu verbessern, das mystische Leuchten am Himmel zu sehen.

Beliebte Reiseziele zur Beobachtung von Nordlichtern:

- Alaska (USA)
- Kanada
- Finnland
- Grönland
- Island
- Norwegen
- Russland
- Schweden

Beliebte Reiseziele zur Beobachtung von Südlichtern:

- Australien, insbesondere Tasmanien
- Neuseeland

Alaska, USA

SEPTEMBER–APRIL

Alaska, der nördlichste Bundesstaat der USA, bietet ideale Voraussetzungen für das Beobachten von Polarlichtern – sogar im weit im Süden gelegenen Anchorage stehen die Chancen gut. Alaska ist der einzige Teil des Landes, in dem man regelmäßig Nordlichter zu Gesicht bekommt. Und da es hier keine Großstädte gibt (selbst Anchorage hat weniger als 300000 Einwohner), kann man der wenigen Lichtverschmutzung, die es in dieser Region noch gibt, leicht entfliehen und an klaren Nächten einen nachtschwarzen Himmel finden. In den Wintermonaten werden auf der Jagd nach Nordlichtern auch ein- und mehrtägige geführte Touren angeboten.

Fairbanks

Fairbanks ist die größte Stadt im nördlichen Teil Alaskas und daher der

Links: Denali National Park; rechts: grün leuchtendes Nordlicht über einem Luxuszelt in Alaska

wichtigste Ausgangspunkt für Polarlichttouren ins Landesinnere. Den ganzen Winter über kann man von Anchorage nach Fairbanks fliegen oder fahren. Ein stets beliebter Ort in Fairbanks ist das Chena Hot Springs Resort. Im Winter bietet es seinen Gästen Hundeschlittenfahrten, ein Eismuseum und Pauschalpakete mit Zugang zum Spa an, wo man im Whirlpool sitzend den Blick auf die Polarlichter am Himmel genießen kann.

Denali National Park

Auch wenn der Denali-Nationalpark im Winter nur eingeschränkt erreichbar ist und die Unterkünfte begrenzt sind (man muss in der nahe gelegenen Gemeinde Healy übernachten), so ist er doch der am besten zugängliche Nationalpark Alaskas. Fernab großer Städte sind hier dunkle Nächte garantiert – perfekte Bedingungen also, um Nordlichter vor der Kulisse des Berges Denali zu sichten.

Zu den tagsüber beliebten Unternehmungen gehören Hundeschlittenfahren, Skilanglauf und Schneemobiltouren. All diese Aktivitäten kann man auf eigene Faust unternehmen, es gibt aber auch darauf spezialisierte Veranstalter.

Anchorage

Anchorage ist die größte Stadt des Bundesstaats und bietet Winterurlaubern alle notwendigen Annehmlichkeiten. Das Anchorage Museum ist ein guter Anlaufpunkt für alle, die sich für

Alaskas Geschichte und Traditionen interessieren. Anfang Februar finden das jährliche Winterfest der Stadt, das Fur Rendezvous Festival, und der Start des Iditarod-Schlittenhunderennens statt.

Um der Lichtverschmutzung zu entfliehen und Polarlichter gut sehen zu können, sollte man in kleinere Ortschaften wie Eagle River oder Girdwood fahren und dann Naturschutzgebiete wie den Chugach National Forest besuchen. Schon weniger als eine Stunde von Anchorage entfernt kann der Himmel so dunkel sein wie in viel weiter von der Stadt entfernten Gebieten.

Links: eine Hütte im verschneiten Alaska; rechts: Polarlichter über Ski Land nahe Fairbanks

© Sunny Awazuhara / Getty Images; © Piriya Photography / Getty Images

Die Autorin Valerie Stimac wuchs in Eagle River nahe Anchorage auf. Polarlichter beobachtet sie am liebsten am Beach Lake. Hier gibt es mehrere Parkplätze, die alle durch Bäume abgeschirmt sind, wodurch jegliche Lichtverschmutzung verhindert wird. Der Ort ist noch ein Geheimtipp – die Chancen stehen also gut, hier den Himmel ganz für sich allein zu haben.

Praktische Informationen

Reisezeit: In Alaska schneit es von September bis April. Der Februar eignet sich schon wegen des berühmten Iditarod-Schlittenhunderennens hervorragend für einen Besuch.

Polarlicht-Vorhersage: Die University of Alaska in Fairbanks betreibt eine Website (https://www.gi.alaska.edu/monitors/aurora-forecast?).

Infos im Internet: *www.anchorage.net*

Kanada

OKTOBER–MÄRZ

Wer in Kanada Nordlichter beobachten will, sollte nicht versuchen, das ganze Land zu besuchen, sondern sich gezielt auf einzelne Städte, Provinzen und Territorien konzentrieren. Kanada hat jede Menge Abenteuer zu bieten – man hat die Qual der Wahl: in British Columbia die Küste hinaufsegeln, in Alberta über den Icefields Parkway kurven, in Ontario und Québec das Großstadtleben erkunden oder doch lieber in Nova Scotia oder Neufundland frische Meeresfrüchte genießen? Selbst wer mehrere Monate oder den ganzen Winter Zeit hat, könnte kaum alle Orte Kanadas besuchen, an denen sich Nordlichter beobachten lassen, geschweige denn all die anderen Attraktionen dieses riesigen Landes sehen. Polarlichtjäger planen ihre Reiseroute also am besten danach, was sie tagsüber unternehmen möchten.

Kanada lässt sich mit dem Auto einfach erkunden und eignet sich deshalb hervorragend für Individualreisende. Die meisten Highways sind auch in den Wintermonaten gut befahrbar, sodass man mit einem Geländewagen problemlos auf eigene Faust losziehen kann. In den meisten Großstädten und überall in den Provinzen und Territorien werden verschiedene Nordlichttouren angeboten, von mehrstündigen Ausflügen bis hin zu mehrtägigen Trips zu verschiedenen Zielen. Allerdings beschränken sich die meisten Touren auf eine Provinz bzw. ein Territorium; bestenfalls sind es zwei.

Wood Buffalo National Park, Alberta/Northwest Territories

Der größte Nationalpark Kanadas liegt im nordöstlichsten Teil von Alberta und im Süden der Northwest Territories und ist zugleich ein ausgewiesenes Lichtschutzgebiet. Die Besucherzentren des ganzjährig geöffneten Parks befinden sich in Fort Smith (Northwest Territories) und in Fort Chipewyan (Alberta). Das hervorragende Thebacha and Wood Buffalo Dark Sky Festival findet jedes Jahr im August statt – für die Sichtung von Polarlichtern ist dies eigentlich zu früh, doch tagsüber kann man sich gut und unterhaltsam über Astronomie und Ökologie informieren und in der kurzen Nacht Sterne und vielleicht auch Polarlichter beobachten.

Nordlichter über dem Miles Canyon, Whitehorse

© All Canada Photos / Alamy Stock Photo

Whitehorse, Yukon

Whitehorse ist die Hauptstadt des Territoriums Yukon und für Polarlichterjäger die ideale Basis. In Whitehorse selbst sind die Nordlichter wegen der Lichtverschmutzung zwar nur schwer auszumachen, doch das ändert sich schon im nahen Umland. Whitehorse ist eines der beliebtesten Reiseziele Kanadas für Polarlichttouren – im Angebot sind hier Abendtouren genauso wie mehrtägige Exkursionen. Wer seine Erkundungstour noch etwas ausweiten will, findet zwei Fahrtstunden nördlich von Whitehorse den Kluane Lake – eine hervorragende Ausgangs-

basis zur Erkundung des nahe gelegenen Nationalparks und des Gletschers. Noch extravaganter und intensiver ist die Suche nach den Nordlichtern mit dem Rundfluganbieter Aurora 360 (aurora-360.ca) in Yukon. Bei diesen Flügen ist man dem Polarlicht näher, als man das auf dem Boden je sein könnte. Ein einmaliges Erlebnis!

Churchill, Manitoba

Von Churchill aus können Traveller am Ufer der Hudson Bay nachts auf die Jagd nach Polarlichtern gehen und tagsüber Eisbären beobachten. Das hiesige Churchill Northern Studies Centre über die arktische Fauna und Flora, Nordlichter sowie das Klima und die Geografie der Region. Da Churchill außerdem direkt unter dem

Links: Nordlichter spiegeln sich in einem See in Yellowknife. Rechts: Eisbär an der Küste der Hudson Bay

© Jason Simpson / 500 px; © Robert Postma / Getty Images

Aurora-Oval liegt, ist es ein idealer Standort zur Beobachtung der Aurora borealis, wann immer der Himmel dunkel genug und wolkenlos ist.

Yellowknife, Northwest Territories

Die Hauptstadt der Northwest Territories ist ebenfalls ein geeigneter Standort für die Erkundung des kanadischen Nordens und die Jagd nach Nordlichtern. Yellowknife liegt am Nordufer des Great Slave Lake, sodass man von hier aus Abstecher nach Osten und nach Westen unternehmen kann. In beiden Richtungen findet man so gut wie keine menschlichen Siedlungen, von denen Lichtverschmutzungen ausgehen, sodass auch unabhängige Traveller bestens in Yellowknife aufgehoben sind.

Das Northern Studies Centre in Manitoba widmet sich u.a. der Erforschung von Nordlichtern und Wetterphänomenen in der Arktis und heißt gern Besucher willkommen, die sich hierfür interessieren. Vom beheizten Aurora Room, einer gläsernen Aussichtskuppel auf dem Dach, können Besucher bequem den Blick auf die Polarlichter genießen. In anderen Jahreszeiten kann man Eisbären und Belugawale beobachten.

Praktische Informationen

Reisezeit: Nordlichter lassen sich zwischen Oktober und März beobachten. Am besten eignen sich die Monate um die Wintersonnenwende (Dez.–Feb.).

Polarlicht-Vorhersage: Aurora Watch (www.aurorawatch.ca) betreibt einen kostenlosen E-Mail-Newsletter zur Vorhersage oder Sichtung von Polarlichtern in Kanada.

Infos im Internet: *www.destinationcanada.com*

Finnland

SEPTEMBER–APRIL

Von allen nordischen Ländern ist Finnland das von Nordlichtjägern wohl am meisten unterschätzte Reiseziel. Das sollte einen aber nicht abhalten: In Finnland kann man sich schließlich nach einer langen Himmelsbeobachtung in der Kälte in einer finnischen Sauna wieder aufwärmen! Es gibt viele kleine Ortschaften im finnischen Lappland, die gern Polarlichttouristen aufnehmen. Je nach Sonnenaktivität und Wetterlage leuchten hier an bis zu 200 Nächten im Jahr Polarlichter am Himmel.

Einige Anbieter bieten mehrtägige Ausflüge innerhalb des Landes an. Meistens stehen tagsüber andere typisch finnische Unternehmungen wie Hundeschlittenfahren oder Saunieren an, während man nachts auf die Jagd nach Polarlichtern geht. Dank des gut ausgebauten Schienen- und Straßennetzes kann man auch gut auf eigene Faust durchs Land reisen.

Rovaniemi

Die Hauptstadt der nördlichsten Landschaft Finnlands ist ein beliebter Ausgangspunkt für Polarlichttouren. Natürlich ist Rovaniemi, die Heimatstadt des Weihnachtsmanns, ein beliebtes Winterreiseziel, das auch für tagsüber interessante Beschäftigungen bereithält: Man kann z. B. der Geschichte des Weihnachtsmanns auf den Grund gehen oder in der rauen Natur Lapplands Wintersport treiben. Da Rovaniemi viele touristische Einrichtungen und ein großzügiges Zeitfenster von sechs Monaten zum Beobachten von Polarlichtern bietet, lockt die Stadt die meisten polarlichtbegeisterten Traveller in der Region an. Die Stadt ist aus Helsinki und anderen europäischen Städten per Auto, Zug oder Flugzeug zu erreichen. Von Helsinki fährt man rund neun Stunden mit dem Auto bzw. 13 Stunden mit dem Zug.

Kemi

Kemi liegt am nördlichen Ufer des Bottnischen Meerbusens. Hier kann man über das Wasser von Finnland bis nach Schweden blicken – wenn einen nicht gerade Polarlichter davon ablenken. Mit Wasser im Süden und dem relativ wenig erschlossenen finnischen Lappland im Norden leidet Kemi kaum unter Lichtverschmutzung, sodass sich hier den ganzen Winter über Nord-

© Yoann JEZEQUEL Photography / Getty Images; © Roman Babakin / Shutterstock; Courtesy of Kakslauttanen

Von oben im Uhrzeigersinn: Nordlicht in Lappland; Rentier in Rovaniemi; Holzhütten mit Glasiglu im Kakslauttanen Arctic Resort

lichter beobachten lassen. Hier befindet sich zudem die Schneeburg von Kemi – was gibt es Schöneres, als nach dem Beobachten der Polarlichter in dem alljährlich wieder aufgebauten Eisgebäude zu übernachten?

Die Stadt ist etwas schwieriger zu erreichen. Am einfachsten ist die Anfahrt mit dem Auto. Der letzte Abschnitt der achtstündigen Fahrt ab Helsinki schlängelt sich auf einer kurvenreichen Panoramastraße an der Küste entlang.

Kakslauttanen

Das Kakslauttanen Arctic Resort (www.kakslauttanen.fi) hat mit seinen faszinierenden Glasiglus viel Aufmerksamkeit geerntet: Man schläft buchstäblich unter den Sternen und hat vom Bett aus direkten Blick auf die Nordlichter. Die Gemeinde im hohen Norden liegt zwischen mehreren Naturschutzgebieten, die Lichtverschmutzung ist gering und die Sicht auf das Himmelleuchten gut.

Kakslauttanen erreicht man am einfachsten mit dem Flugzeug von größeren finnischen Städten wie Helsinki. Es ist eine ideale Bleibe, um tagsüber Wintersport zu treiben und nachts den Sternenhimmel zu bestaunen. Hobbyastronomen dürfen sich auch auf das im Bau befindliche Planetarium freuen.

Oben: Nordlichter über Lappland; unten: Aus dem Glasiglu hat man freien Blick auf den Nachthimmel.

Es gibt mehrere finnische Legenden über die Polarlichter. Für die Samen etwa sind sie die Seelen der Verstorbenen. Im modernen Finnischen heißen Nordlichter „revontulet" (deutsch: „Feuerfuchs"). Der Name entstammt einer Sage, wonach mythische arktische Füchse so schnell über den Himmel rannten, dass sie mit ihren Ruten Schneekristalle in den Himmel peitschten und so Feuerfunken erzeugten, die den Himmel erleuchten ließen.

Praktische Informationen

Reisezeit: In der Zeit zwischen November und Februar herrschen für Polarlichtjäger die besten Bedingungen.

Polarlicht-Vorhersage: Nützlich ist die Website Auroras Now! (http://aurorasnow.fmi.fi), die vom Finnischen Meteorologischen Institut, der ESA und der Universität von Oulu betrieben wird.

Infos im Internet: *www.visitfinland.com*

Grönland

SEPTEMBER–APRIL

Unter den Ländern, in denen man Polarlichter sehen kann, zählt Grönland zu den am wenigsten besuchten. Das ist schade, denn eigentlich sind die Bedingungen dafür hier bestens. Die größte Insel der Welt ist stark von der europäischen und der Inuit-Kultur geprägt – in den kleinen Ortschaften kann man beides erleben.

Die Tourangebote verteilen sich auf die West- und die Ostküste: In Westgrönland reist man zwischen Ortschaften mit moderner Infrastruktur, während in Ostgrönland Kreuzfahrten, die an der überwiegend unbewohnten und geschützten Küste entlangführen, die gängige Option sind.

Wer auf eigene Faust unterwegs ist, sollte bedenken, dass die Reiseplanung in Grönland etwas komplizierter ist als in anderen Regionen der Erde. Das erklärt freilich, warum in diesem gewaltigen, verschneiten Wintertraumland der Polarlichttourismus so wenig verbreitet ist. Wer bereit ist, sorgfältig vorauszuplanen, oder sich einer Tour anschließt, bei dem der Veranstalter auch den Transport organisiert, wird ein Land kennenlernen, das zu den schönsten Polarlichtzielen gehört.

Nuuk

Es scheint verwunderlich, dass sich selbst von Grönlands Hauptstadt aus Nordlichter beobachten lassen. Da aber Nuuk nur rund 17000 Einwohner hat, ist die Lichtverschmutzung gering. Am besten lassen sich die Nordlichter zwar außerhalb der Stadt beobachten, wo man der wenigen Lichtverschmutzung gänzlich entkommt, doch auch mitten in Nuuk kann man die Aurora sehen.

Wer eine Reise nach Nuuk plant, sollte sie mit einem Besuch in Kangerlussuaq kombinieren, der arktischen Polarlichthauptstadt Grönlands, zumal man leichter einen Flug von bzw. nach Kangerlussuaq als in die Hauptstadt bekommt.

Kangerlussuaq

Polarlichtjäger, die sich nach Grönland aufmachen, sollten in Kangerlussuaq absteigen, das der am einfachsten zu erreichende Ort in Grönland ist. Von hier gibt's saisonal

Eisberg in Grönlands North Star Bugt

Courtesy of NASA GSFC

und das ganze Jahr über Flüge ins In- und Ausland (z. B. nach Reykjavík und Kopenhagen). Kangerlussuaq liegt an einem tief eingeschnittenen Fjord in Westgrönland. Hier lassen sich prima Moschusochsen beobachten. Außerdem ist dies der einzige Ort mit einer Straße zum Grönländischen Inlandeis, einer massiven Eisformation, die den Großteil Grönlands bedeckt. Unser Tipp: Man wohnt in Kangerlussuaq und bucht eine Tour zum Inlandeis, wo man das Polarlicht so gut beobachten kann wie sonst kaum irgendwo auf der Welt. Und über das Eis zu klettern, ist ein unvergleichliches Erlebnis.

Links: Nordlichter nahe Nuuk in Grönland; rechts: Ein Plankenweg führt von Ilulissat zum Eisfjord.

© Vadim_Nefedov / Getty Images; © Lottie Davies

Viele Flüge nach Grönland legen einen Zwischenstopp in Island ein. Deshalb kann man seine Reise so planen, dass man in beiden Ländern auf Polarlichtjagd geht. Mit dem beliebten Angebot von Icelandair kann man bis zu sieben Tage in Island bleiben und dann weiter zum nächsten Reiseziel fliegen.

Ilulissat

Ilulissat liegt wie Kangerlussuaq an der Westküste Grönlands und zieht Touristen an, die den zum UNESCO-Weltnaturerbe gehörenden Eisfjord und Nordlichter bestaunen wollen. Astrofotografen reizt besonders das Motiv des leuchtenden Nachthimmels vor der Kulisse der gewaltigen Eisberge in der Diskobugt (Diskobucht).

Es gibt einige geführte Touren ab Ilulissat sowie die Möglichkeit, Ilulissat mit Kangerlussuaq zu kombinieren. Ilulissat ist ein heißer Anwärter auf den Titel des weltweit entlegensten Polarlicht-Spots – und das will was heißen!

Praktische Informationen

Reisezeit: Weil Grönland sehr hoch im Norden liegt, lassen sich Polarlichter hier viel länger als anderswo beobachten, und zwar zwischen September und April.

Polarlicht-Vorhersage: Aurora Service (www.aurora-service.eu) bietet einen SMS-/Textmitteilungsdienst zu Polarlichtern in Grönland.

Infos im Internet: *https://visitgreenland.com*

Island

SEPTEMBER–APRIL

Nordlichter über Hella

Island boomt als Reiseziel, was zum Teil auch daran liegt, dass sich überall im Land leicht Nordlichter beobachten lassen. Wer bei der Jagd auf die Aurora Hilfe möchte, kann sich einer geführten Tour anschließen. Viele Traveller ziehen es jedoch vor, auf eigene Faust zu reisen und bei der Fahrt durchs Land tagsüber die Kultur Islands und nachts das bunte Leuchten am Himmel kennenzulernen.

Der Gullni hringurinn (Goldene Ring) ist eine beliebte, 306 km lange Rundreise von Reykjavík und zurück, die man als Individualreisender oder mit einem Führer unternehmen kann. Entlang der Strecke gibt es viele Gemeinden, die sich im Winter dank ihrer guten Lage hervorragend zum Beobachten von Nordlichtern eignen. Alle drei in diesem Kapitel vorgestellten Top-Ziele liegen innerhalb des Goldenen Rings. Natürlich lassen sich auch anderswo in Island Nordlichter beobachten. Das bei Touristen beliebteste Gebiet ist der südliche Teil Islands. Wer aber den Menschenmassen entgehen will, sollte sich an die Ringstraße halten, die um das Land herum an weniger besuchten Orten vorbeiführt.

Þingvellir

Der Nationalpark Þingvellir ist weniger als eine Stunde von Reykjavík entfernt und dennoch eines der beliebtesten isländischen Ziele von Polarlichtjägern. Aufgrund seiner Nähe zur isländischen Hauptstadt lockt der zum UNESCO-Weltkulturerbe zählende Park das ganze Jahr über Traveller an.

Der 1930 gegründete Nationalpark hat eine beeindruckende Geografie. Tagsüber kann man historische Gebäude und Ruinen erkunden, nachts Polarlichter – und sich dazwischen in den schicken, zunehmend auf

Astrotouristen ausgerichteten Designerhotels verwöhnen lassen.

Hella

Außerhalb von Reykjavík ist das kleine Hella ein beliebtes Reiseziel von Polarlichtjägern. Auf deren Bedürfnisse hat sich das hiesige Hotel Rangá speziell ausgerichtet: Es punktet mit einem Benachrichtigungsdienst, Whirlpools im Freien und Astronomen, die im hauseigenen Observatorium Fragen wissensdurstiger Gäste beantworten. Wer hier absteigen möchte, sollte frühzeitig mit dem Planen beginnen und mehrere Monate im Voraus reservieren bzw. eine geführte Tour buchen, die eine Unterkunft in diesem Hotel beinhaltet.

Skógar

Skógar ist ein Reiseziel, das das ganze Jahr über Traveller anlockt. Grund dafür ist die Nähe des 18 m hohen Wasserfalls Skógafoss, der unbestritten einer der bedeutendsten Touristenmagnete in Island ist.

Der kleine Ort empfiehlt sich als Ausgangspunkt, von dem aus man die atemberaubende Landschaft Islands wie auch Nordlichter bestaunen kann. Im Winter ist die Gegend weniger überlaufen, und die umliegenden Klippen sind mit Schnee bedeckt – selbst der Wasserfall ergießt sich dann in einen See aus Eis.

Die Strichspuraufnahme zeigt Nordlichter am Sternenhimmel über dem Skógafoss.

© Javen / Shutterstock

In Island gibt es zwar viel mehr zu sehen als nur Polarlichter, aber diese Chance verstreichen zu lassen, wäre unverzeihlich. Glücklicherweise ist sich die hiesige Tourismusbranche dessen bewusst, wie viele Urlauber das Phänomen sehen wollen. Deshalb bieten einige Hotels einen Benachrichtigungsdienst an, der die Gäste weckt, wenn sich das bunte Treiben am Nachthimmel zeigt.

Praktische Informationen

Reisezeit: Nordlichter sind in Island zwischen September und April zu sehen, am besten in den langen Nächten von Dezember bis Anfang Februar.

Polarlicht-Vorhersage: Aurora Service (www.aurora-service.eu) betreibt in Island einen Nordlicht-Benachrichtigungsdienst. Der Isländische Meteorologische Dienst bietet ebenfalls täglich Nordlicht-Vorhersagen.

Infos im Internet: *www.inspiredbyiceland.com*

Norwegen

OKTOBER–MÄRZ

Schon seit vielen Jahren ist Norwegen das beliebteste Reiseziel von Polarlichtjägern. Das liegt vor allem an der Geografie des Landes und der Lage vieler kleiner Ortschaften direkt unter dem Aurora-Oval. Es gibt diverse geführte Touren, aber auch die Infrastruktur für Individualreisende ist herrvorragend. Zudem sind die Wetterbedingungen im Winter günstig für die Beobachtung von Polarlichtern.

Spitzbergen

Die Inselgruppe Spitzbergen liegt im Norden vor der norwegischen Küste, umgeben vom Nordpolarmeer, der Grönlandsee und der Barentssee. Wegen seiner isolierten Lage weit nördlich des Polarkreises muss man seinen Besuch auf Spitzbergen besonders gründlich planen. Allerdings lässt sich das Nordlicht von hier aus besonders gut beobachten: In der Stadt Longyearbyen etwa geht die Sonne an 155 Tagen im Jahr erst gar nicht auf! Diese Zeit von Anfang Oktober bis Anfang März eignet sich am besten zur Beobachtung von Nordlichtern, insbesondere im Zeitraum um die Wintersonnenwende Ende Dezember und Anfang Januar.

Auf Spitzbergen gibt es auch Eisbären, und ihre Zahl übertrifft die der menschlichen Einwohner auf diesem Archipel. Bevor man sich also nach draußen wagt, um Polarlichter zu beobachten, sollte man sich erst mal erkundigen, ob aktuelle Eisbärenwarnungen vorliegen. In der Wildnis wird eine großkalibrige Waffe benötigt.

Tromsø

Tromsø ist eines der beliebtesten Reiseziele von Polarlichtjägern auf dem norwegischen Festland, zumal man in guten Nächten auch direkt in der Stadt die Nordlichter sehen kann. Außerdem starten von hier aus auch viele Nordlichttouren in die Region. Tagsüber können sich die Traveller mit Hundeschlittenfahren und Schneeschuhlaufen die Zeit vertreiben und eine Rentierfarm besuchen.

Nordkap

Das Nordkap ist einer der nördlichsten Punkte Europas. Das Gebiet ist zwar

Die Aurora borealis flimmert bei Tromsø über einem norwegischen Fjord.

© MU YEE TING / Shutterstock

zum Beobachten von Polarlichtern nicht so üblich wie Tromsø, Bodø oder Senja, dennoch kommen manche Aurorajäger hierher, um damit prahlen zu können, dass sie am Nordkap gestanden und gleichzeitig die tanzenden Lichter am Nachthimmel beobachtet haben. Bei heftigen Schneefällen und Winterstürmen ist die Anfahrt schwierig. In der Kommune Nordkapp gibt es diverse kleine Ortschaften, in denen man absteigen kann, darunter Honningsvåg und Skarsvåg – Letzteres ist das am nördlichsten gelegene Fischerdorf der Welt.

Es gibt noch viele andere Orte in Norwegen, wo sich gut Nordlichter beobachten lassen, darunter die Lofoten, der Vesterålen-Archipel, die Städte Bodø und Senja sowie die Region Lyngenfjord.

Links: Leuchtturm auf Gjesværstappan in der Kommune Nordkapp; rechts: Mitternachtssonne am Nordkap

© alxpin / Getty Images; © Doug Pearson / Getty Images

In altnordischen Mythen aus der Zeit der Wikinger war das Nordlicht eine von den Göttern erbaute Feuerbrücke, die in den Himmel führte. Ein norwegischer Chronist erklärte, die Aurora sei ein von großen Feuern umgebener Ozean. Eine andere altnordische Legende besagt, das Leuchten komme von glänzenden Rüstungen der über den Himmel reitenden Walküren, die auserwählte Krieger zu Odin nach Walhall führten. Die wandelbaren Erscheinungen am Nachthimmel haben in der Tat etwas Märchenhaftes.

Praktische Informationen

Reisezeit: Die Zeit von Dezember bis Februar ist geeignet; in den längeren Nächten um die Wintersonnenwende sind die Chancen am besten.

Polarlicht-Vorhersage: Aurora Service bietet einen SMS-Benachrichtigungsdienst zur Vorhersage von Polarlichtern in Norwegen.

Infos im Internet: *www.visitnorway.com*

Russland

NOVEMBER–MÄRZ

Russland ist eines der von Polarlichtjägern am wenigsten besuchten Ländern der nördlichen Hemisphäre. Angesichts umständlicher Visabestimmungen ist es für die meisten Travellern schwierig, Russland überhaupt zu besuchen. Wer sich aber von dem Papierkram nicht abschrecken lässt und bereitwillig im Vorfeld einen vollständigen Reiseplan aufstellt, findet in Russland ein ungewöhnliches, wenig bekanntes Reiseziel.

Russland ist ein dermaßen großes Land, dass Aurorajäger sich auf eine Region beschränken sollten, in der die Chancen auf die Sichtung von Polarlichtern besonders groß sind. Eine Reise nach Sibirien mag verlockend klingen, gestaltet sich aber schwieriger, als die meisten Urlauber auf sich zu nehmen gewillt sein werden. Einfacher zu erreichende Ziele warten im Westen Russlands.

Die geführten Polarlichttouren in Russland dauern in der Regel länger als anderswo. Viele kombinieren Sightseeing in großen russischen Städten mit dem Besuch kleinerer Orte, von denen aus die Aurora besser zu sehen ist. Die meisten Individualreisenden besuchen Moskau oder Sankt Petersburg. Wenn möglich, sollte man also zusätzliche Reisezeit einplanen, um von diesen Großstädten aus zu Zielen weiterzureisen, wo die Aurora borealis besser zu beobachten ist.

Murmansk

Aufgrund seiner Lage in hohen Breiten und der Nähe zu Großstädten wie Moskau und Sankt Petersburg (beide sind rund zwei Flugstunden entfernt) gilt Murmansk im Allgemeinen als eines der besten Nordlichtziele in Russland. So ist Murmansk bei den meisten Touren Teil des Programms. Nahe der Grenze zu Finnland an einem Fjord der Barentssee gelegen, befindet sich Murmansk auf einem ähnlichen Breitengrad wie das norwegische Tromsø – und bietet ähnlich gute Bedingungen zur Beobachtung von Nordlichtern, nur dass hier weniger Menschen unterwegs sind. Tagsüber gewinnt man in den Museen der Umgebung einen Einblick in die Vergangenheit Russlands. Tief in den Wäldern des Verwaltungsbezirks Murmansk liegt außerdem das russische Samen-Dorf Lowosero. Es ist eines der

Von oben im Uhrzeigersinn: Nordlichter in Russland; traditionell gekleidete Nenzen in Salechard; die einmalige Auferstehungskirche in Sankt Petersburg

wenigen Dörfer, die sich trotz der Repressalien in der Sowjetära ihre indigenen Traditionen erhalten haben. Im Winter herrscht in Murmansk wegen seiner Lage innerhalb des Polarkreises fast durchgehend Dunkelheit.

Narjan-Mar

Narjan-Mar liegt im hohen Norden nahe der russischen Küste der Barentssee und stammt aus der Industriezeit der sibirischen Geschichte. Mit etwa 20000 Einwohnern ist Narjan-Mar ein gutes Ziel, um die Kultur der indigenen Nenzen und die russische Geschichte in der Arktis kennenzulernen. Narjan-Mar ist zweieinhalb Flugstunden von Moskau entfernt; Utair bietet das ganze Jahr über täglich Flüge hierher.

Salechard

Weiter östlich in Sibirien liegt das Städtchen Salechard, ebenfalls ein prima Ort, um Nordlichter zu beobachten. Salechard hat ungefähr 50000 Einwohner und liegt am Polarkreis unter dem Aurora-Oval, ist also ideal zum Beobachten des Himmelleuchtens. Tagsüber kann man sich der Geschichte der indigenen Völker der Polarregion widmen, mit etwas Glück das jährliche Winterfest mitsamt Eisskulpturen-Wettbewerb besuchen oder etwas über die traditionelle Rentierzucht in der Region erfahren.

Blick auf die Nordlichter über Murmansk

© ITAR-TASS News Agency / Alamy Stock Photo

In der slawischen Mythologie steht die Göttin Zorya für die Morgen- und die Abendröte, Aurora genannt (in manchen Legenden sind es zwei Göttinnen). Sie wacht über Simargl, eine Hundegestalt mit Greifenflügeln, die an den Polarstern (Polaris) angekettet ist, da sie sonst das Sternbild des Kleinen Bären (Ursa Minor) verschlingen würde. Sollte dies passieren, endet laut der Legende das Universum.

Praktische Informationen

Reisezeit: Wer die Aurora borealis sehen will, sollte im Winter zwischen November und März nach Russland kommen.

Polarlicht-Vorhersage: Aurora Service (www.aurora-service.eu) bietet SMS-Benachrichtigungen für Nordlichter in Russland, besonders in den europäischen Gebieten, darunter auch Murmansk.

Infos im Internet: *www.russiatourism.ru/en*

Schweden

NOVEMBER–FEBRUAR

Das Nachbarland Norwegen mag zwar mehr Polarlichtjäger anlocken als Schweden, doch davon sollte man sich nicht täuschen lassen: Wie seine beiden Nachbarn erstreckt sich das Land auf der Skandinavischen Halbinsel nach Norden zum Aurora-Oval. In weiten Teilen Schwedens ist im Winter die Sicht auf die Aurora borealis also gut. Und auch hier gibt es diverse Polarlichttouren. Je nach Reiseroute geht's dabei manchmal rüber nach Norwegen oder Finnland. Wer will, kann in Schweden auf der Suche nach Nordlichtern aber auch problemlos auf eigene Faust losziehen.

Nationalpark Abisko

Das in Schweden bei Weitem beliebteste Revier von Polarlichterjägern ist der Nationalpark Abisko an der nördlichen Grenze zwischen Schweden

Von links: im Nationalpark Abisko; Leute beim Betreten des Eishotels in Jukkasjärvi

und Norwegen. In klaren Nächten kann man in dem Nationalpark ringsum Nordlichter sehen. In Abisko befindet sich zudem die schwedische Aurora Sky Station. Das auf einem Berg gelegene Observatorium gilt wegen der hohen Lage und dem Fehlen von Lichtverschmutzung allgemein als einer der weltweit besten Orte zum Beobachten von Polarlichtern.

Bei den angebotenen geführten Touren durch Schweden steht mit ziemlicher Sicherheit auch der Nationalpark Abisko auf dem Programm. Wer jedoch lieber unabhängig unterwegs ist, nimmt am besten ab Stockholm den Zug. Bei der 17-stündigen Zugfahrt nach Norden durch das schwedische Lappland kann man die Landschaft in Ruhe auf sich wirken lassen.

Kiruna

Kiruna ist mit ganzjährig fast 20000 Einwohnern eine der größten Ortschaften im Norden Schwedens. Da hier nur so wenig Menschen leben, erweist sich Kiruna als exzellentes Basislager für Polarlichttouren und zum Beobachten der Aurora. Man kann den Lichtern der Stadt problemlos entfliehen und in der umliegenden Landschaft in klaren Nächten den ungehinderten Blick in den Himmel genießen. Deshalb steht eine Übernachtung in Kiruna bei vielen Tourveranstaltern auf dem Programm. Das leicht mit dem Zug zu erreichende Kiruna beherbergt auch die European Space and Sounding Rocket Range (kurz Esrange), einen Raketenstartplatz und eine Forschungseinrichtung zum Studium der Aurora borealis und anderer Astro-Phänomene. Wo sonst kann man tags den Start einer Rakete und nachts Polarlichter bestaunen?

Jukkasjärvi

Jukkasjärvi ist ein kleiner Nachbarort von Kiruna, der als Standort des weltweit ersten Eishotels zu Ruhm und Ehre kam. Das jedes Jahr aufs Neue aufgebaute Gebäude besteht vollkommen aus Eis und lockt viele Touristen an, die bei ihrer Reise durch Schweden ein einzigartiges Wintererlebnis suchen. Das Eishotel bietet auch Touren zum Fotografieren von Nordlichtern und „Safaris" an, bei denen man auf der Jagd nach Polarlichtern auf Schneemobilen hinaus in die schwedische Landschaft düst.

Jokkmokk

Das kleine Jokkmokk im schwedischen Lappland ist der südlichste und vielleicht am wenigsten besuchte Polarlichtspot im Land. Es liegt sehr nahe dem Polarkreis und ist damit ideal zum Beobachten der direkt darüber tanzenden Aurora borealis, ist allerdings mit öffentlichen Transportmitteln schwer zu erreichen. Tagsüber kann man sich hier der Geschichte und der Kultur der Samen widmen. Diese verkaufen auf dem schon seit dem frühen 17. Jh. abgehaltenen Wintermarkt Kunsthandwerk.

Die Aurora borealis über schwedischem Nadelwald

© Dave Moorhouse / Getty Images

Chad Blakely arbeitet für „Lights Over Lapland", einem Anbieter von Polarlichttouren. Er erzählt: „Am bewegendsten ist es, die Reaktion unserer Gäste zu sehen, wenn sie das erste Mal den Tanz der Nordlichter sehen. Ich habe schon so einiges gesehen: Erwachsene Männer weinen, junge Liebende fallen sich in die Arme, einige machen spontane Heiratsanträge, andere befällt ein unkontrollierbares Lachen und wieder andere erleben eine Art religiöse Ekstase. Es ist, als würde ich jede Nacht mein erstes Mal wiedererleben."

Praktische Informationen

Reisezeit: Die Zeit von November bis Februar ist ideal.

Polarlicht-Vorhersage: Aurora Service bietet eine Nordlicht-Vorhersage per SMS für Schweden.

Infos im Internet: *https://visitsweden.com*

Weitere Nordlicht-Ziele

Neben den bereits erwähnten Zielen gibt es noch weitere, südlichere Gebiete, wo man besonders stark leuchtende Polarlichter am Nachthimmel erkennen kann. In der Regel informieren die lokalen Wetterdienste, wann und wo das möglich ist.

Im Norden der USA

Bei starker Sonnenaktivität ist die Aurora borealis nachts in vielen der nördlichen Bundesstaaten der „Lower 48" zu sehen. Dazu zählen Washington, das nördliche Idaho, Montana, North Dakota und South Dakota, Minnesota, Wisconsin, Michigan und sogar Teile von Neuengland, darunter Maine, das obere New York und das nördliche Vermont.

Eine Vorhersage, wann in diesen Bundesstaaten Nordlichter zu sehen sind, ist schwierig. Mit sehr viel Glück kann es aber passieren, dass man in einer kalten, klaren Winternacht in den genannten nördlichen US-Bundesstaaten plötzlich am nördlichen Horizont Nordlichter erspäht.

Mitteleuropa

Wie im Norden der USA können auch in den Ländern Mitteleuropas Polarlichter zu sehen sein – vorausgesetzt, die Sonnenaktivität ist stark genug und die Wetterbedingungen sind optimal. Am besten eignet sich dafür Dänemark (noch größer sind die Chancen freilich auf den weit im Nordatlantik liegenden dänischen Färöer-Inseln).

Estland, Lettland und Litauen liegen ebenfalls weit genug im Norden, um hier Polarlichter sehen zu können. Auch hier gilt, dass man sich von Großstädten wie Riga (Lettland) oder Tallinn (Estland) entfernen muss, um der Lichtverschmutzung zu entfliehen und seine Chancen auf eine Sichtung von Nordlichtern zu erhöhen.

Polarlichter werden selten auch in dunklen, klaren Nächten in Ländern wie den Niederlanden, in Deutschland, im nördlichen England, in Irland, Nordirland und Polen gesichtet. Hierzu muss die Sonnenaktivität allerdings ihr Maximum erreichen, was durchschnittlich alle elf Jahre der Fall ist.

Blick von oben auf den großen Meteoritenkrater im Dorf Kaali (Estland)

© Rolandas Misius / Alamy Stock Photo

Estland muss eine starke Anziehungskraft haben, gibt es doch hier eine der weltweit größten Ansammlungen dokumentierter Meteoritenkrater. Wer das Land bereist, sollte sich zumindest den Kaali-Krater 18 km nördlich von Kuressaare nicht entgehen lassen. In der Mitte des rund 110 m breiten und 22 m tiefen Kraters befindet sich ein seltsam rund geformter Tümpel. Der Meteoriteneinschlag ereignete sich vor mindestens 4000 Jahren; in der Nähe gibt es noch acht weitere Krater mit einem Durchmesser von 12 bis 40 m, die von Bruchstücken desselben Meteoriten verursacht wurden. Dieses Feld aus neun Meteoritenkratern ist damit eines der besten Beispiele, wie selbst kleine Meteoriten beim Einschlag die Landschaft verändern können.

Schottland

Der Norden Schottlands ist ein weiterer Ort, wo Polarlichter theoretisch auftreten können. Die Reisemöglichkeiten sind im Winter im Norden Schottlands wie auch auf den Färöer-Inseln zwar beschränkt, aber man kann durchaus eine Tour planen, die mit einer von starker Sonnenaktivität geprägten Nacht zusammenfällt.

Australien

JUNI–AUGUST

Wo lässt sich das Südlicht, die Aurora australis, besser beobachten, als in Australien, dem „südlichen Land"? Zwar gibt es in diesem riesigen Staat jede Menge Orte, an denen Südlichter auftreten können, doch die größten Chancen, sie zu sichten, hat man auf Tasmanien. Grundsätzlich gilt: Aurorajäger sollten die beliebten Städten hinter sich lassen und in die von Lichtverschmutzung unberührten Gebiete reisen.

Auch das Spektakel der Südlichter lässt sich am besten in den längeren Winternächten – also im Zeitraum zwischen Juni und August – beobachten. Schneefälle sind an der Küste von Australien und Tasmanien zwar sehr selten, trotzdem kann es dort im Winter ziemlich kalt werden – warme Kleidung ist also auch hier angebracht. Weil die Aurora australis sich nicht an einen Zeitplan hält, muss man vielleicht lange warten, bis sie sich endlich zeigt.

© James Stone / Getty Images; © Kelvin Aitken / Alamy Stock Photo

Links: Strichspuraufnahme der Sterne, die mit dem Südlicht um die Wette funkeln; rechts: Südkaper, ein häufiger Gast in der Bremer Bay

Tasmanien

Am besten lassen sich Polarlichter auf der Südhalbkugel auf Tasmanien vor der Südküste Australiens beobachten – und zwar theoretisch das ganze Jahr über. Allerdings wird man im Sommer von November bis Februar ziemlich lange wach bleiben müssen, um das Leuchten am Nachthimmel zu sehen.

Polarlichtjäger finden am Cockle Creek an der Südküste Tasmaniens, zwei Fahrtstunden südlich von Hobart, optimale Bedingungen zum Beobachten der Aurora vor. Näher an der tasmanischen Hauptstadt und dennoch weit genug von den Großstadtlichtern entfernt liegen der Mount Nelson und der Mount Wellington. Das Gleiche gilt auch für mehrere nach Süden zeigende Strände in der Gegend um Hobart, so z.B. den Howrah Beach, den Seven Mile Beach und den Taroona Beach. Beim Blick hinüber nach Betsey Island zeigt sich das Südlicht oft als leuchtender Bogen am Himmel.

Tasmaniens größte Flughäfen befinden sich in Hobart und in Launceston. Die wilde und isolierte Insel hat eine wachsende Restaurant- und Kunstszene, darunter das Museum of Old and New Art (MONA).

Victorias Küste

Auf dem australischen Festland bietet die malerische Küste von Victoria in einer guten Nacht die besten Möglichkeiten, Südlichter zu sehen. Man kann sich zwar in Melbourne einquartieren, sollte aber immer startbereit sein, um ein paar Stunden der Dunkelheit entgegenzufahren. Aurora-Spots mit geringer Lichtverschmutzung sind Point Lonsdale, Cape Schanck und Wilsons Promontory. Mit etwas Glück erwischt man die Südlichter sogar über den majestätischen Twelve Apostles im Port Campbell National Park an der Great Ocean Road. Wer in einer dieser Gegenden auf Südlichtjagd gehen will, sollte sich aber besser dort auch eine Unterkunft suchen.

South & Western Australia

Zwar stehen die Chancen etwas schlechter als in Tasmanien oder Victoria, doch kann man an der südlichen Küste der Bundesstaaten South Australia und Western Australia ebenfalls Südlichter sehen – klare Nächte und starke Sonnenaktivität vorausgesetzt. Dabei ist hilfreich, dass diese Regionen dünn besiedelt sind, sodass man sich fern der Hektik, des Trubels und der Lichtverschmutzung der im Osten liegenden Küstenstädte entspannt unter dem Nachthimmel aalen kann.

Entlang der Küste liegen verstreut Nationalparks und Schutzgebiete. In einigen davon, z.B. im Cape Arid National Park oder im Fitzgerald River National Park, kann man auch Stellplätze auf einem Campingplatz buchen. Wer seinen Aufenthalt in der Natur verlängern will, kann zur nahe gelegenen Bremer Bay fahren, wo sich das ganze Jahr über Wale zeigen – von Januar bis März Orcas und von Juli bis Oktober jede Menge Südkaper und sogar Buckelwale.

Die Aurora australis am Thirteenth Beach, Barwon Heads

© Terry Oakley / Alamy Stock Photo

In Australien sollte man auf jeden Fall auch den Warrumbungle National Park in New South Wales (S. 40) besuchen. In dem Dark Sky Park ist man weit weg von den Großstadtlichtern Sydneys, Canberras und Brisbanes. Das Siding Spring Observatory am Rand des Warrumbungle ist ebenfalls ein Muss. Tagsüber kann man die Östlichen Grauen Riesenkängurus beobachten und nachts die funkelnden Sterne.

Praktische Informationen

Reisezeit: Die Nächte in den Wintermonaten von Juni bis August sind länger und insofern ideal.

Polarlicht-Vorhersage: Aurora Service (www.aurora-service.net) bietet einen kostenlosen SMS-Benachrichtigungsdienst zur Vorhersage oder Sichtung von Südlichtern in Australien und Tasmanien.

Infos im Internet: *www.australia.com*

Neuseeland

JUNI–AUGUST

Die Bezeichnung Aurora australis führt in die Irre – die Südlichter sind natürlich auch außerhalb von Australien zu sehen. Vor allem die Südinsel Neuseelands entwickelt sich zunehmend zu einem beliebten Ziel von Aurorajägern, die tagsüber das Wintersportangebot Neuseelands nutzen und abends die Südlichter erleben wollen. Winterurlauber finden die schönsten Pisten außerhalb von Canterbury und Queenstown; nach dem Spaß im Pulverschnee können sie nach Invercargill hinunterfahren, wo die besten Chancen existieren, Südlichter zu sichten.

Neuseeland liegt etwas südlicher als Tasmanien – die Chancen, Polarlichter zu sehen, sind daher größer. Wie in Australien und Tasmanien zeigen sich Südlichter hier das ganze Jahr über, besonders in den frühen Morgenstunden.

Invercargill

55000 Einwohner leben in der südlichsten Stadt Neuseelands – und erzeugen eine Lichtverschmutzung, die das Sichten von Südlichtern in der City unmöglich machen. Invercargill ist jedoch eine exzellente Basis für Polarlichttouren in die umliegende Region.

Von Invercargill geht's ostwärts zu The Catlins. In dem waldreichen Gebiet ist der Nachthimmel rabenschwarz – da stehen die Chancen gut, in klaren Nächten das Südlicht zu sehen. Man kann aber auch nach Westen zum Fiordland National Park fahren: Zwar behindern die Berge vielleicht den Blick auf den Südhimmel, doch auch hier ist der Himmel so dunkel, dass man prima nach Polarlichtern Ausschau halten kann. Auch lohnt sich die Weiterfahrt nach Süden zur Küste, nach Bluff und von dort mit der Fähre nach Stewart Island oder die Küste der Foveauxstraße entlang – ein großartiger Blick auf den nächtlichen Südhimmel ist garantiert. Und Pinguine lassen sich ebenfalls blicken. Besucher der Südinsel sollten ferner einen Abstecher nach Norden machen, wo eine weitere wissenschaftliche Sensation wartet, dieses Mal jedoch geologischen Ursprungs: die markanten Moeraki Boulders am Koekohe Beach – ein echtes Wunder der Natur!

Stewart Island

Als südlichster Punkt des Landes und zertifiziertes Dark Sky Sanctuary gilt

Die Aurora australis an der Meikel Johns Bay nahe Glenorchy

© Gareth Davies / Alamy Stock Photo

Stewart Island weithin als bester Ort in Neuseeland zum Beobachten der Aurora australis. Nach der einstündigen Fährüberfahrt von Bluff auf der Südinsel ist man hier weit weg von jeglicher Lichtansammlung. Das hat einen guten Grund: Mehr als 85% von Stewart Island nimmt der unter Naturschutz stehende Rakiura National Park ein, weshalb hier menschliche Ansiedlungen und die damit einhergehende Lichtverschmutzung kaum existent sind. Klare Sicht und starke Sonnenaktivität vorausgesetzt, kann man daher auf Stewart Island einige der schönsten Südlichter des Planeten bewundern.

Aoraki Mackenzie Dark Sky Reserve

Im Jahr 2012 wurde auf der neuseeländischen Südinsel das Aoraki Mackenzie Dark Sky Reserve gegründet. Das rund 4300 km^2 große Lichtschutzgebiet liegt drei Fahrtstunden von Christchurch entfernt. Es schützt den dunklen Himmel um den Aorakim National Park und den nahe gelegenen Lake Tekapo, würdigt zudem die Bedeutung des Nachthimmels in der Kultur der Maori und veranstaltet diverse astronomische Events.

Oben: Pier am Rakiura Track, Stewart Island; rechts: Südlichter vor der Kulisse des Waipapa Point Lighthouse

© slyellow / Shutterstock; © Arrested Light Photography / Alamy Stock Photo

Auf der Rundreise durch Neuseeland lohnt auch ein Abstecher nach Aotea (Great Barrier Island, S. 80), das vor der Küste der Nordinsel nahe bei Auckland liegt. Diese abgelegene Insel wurde 2017 als Dark Sky Sanctuary ausgewiesen.

Praktische Informationen

Reisezeit: Südlichter kann man hier ganzjährig sehen; die besten Möglichkeiten gibt es im Winter von Juni bis August, da der Himmel dann dunkler ist als in den Sommermonaten.

Polarlicht-Vorhersage: Aurora Service bietet einen Polarlicht-Benachrichtigungsdienst in Neuseeland.

Infos im Internet: *www.newzealand.com*

Weitere Südlicht-Ziele

Die Verteilung der Kontinente und Landmassen auf dem Erdball bringt es mit sich, dass es weniger Ziele zur Beobachtung von Süd- als von Nordlichtern gibt. Außerdem sind viele Spots auf der Südhalbkugel im Winter schwieriger zu erreichen – große Teile des Südpolarmeers sind wegen des Packeises dann nicht befahrbar.

Neben den bisher vorgestellten Zielen gibt es jedoch noch einige weitere Orte, von denen aus Polarlichtsichtungen möglich sind, die allerdings nur selten aufgesucht werden und viel zusätzliche Reiseplanung erfordern.

Antarktika

Als größte Landmasse am Südpol der Erde ist Antarktika eigentlich ein naheliegender Kandidat, wenn es um die Beobachtung von Südlichtern geht. Allerdings gibt es keinen Ort auf unserem Planeten, der in den Wintermonaten so schwierig zu erreichen ist.

Wissenschaftliche Studien finden in Antarktika das ganze Jahr über statt; für Touristen beschränken sich die Optionen aber auf den antarktischen Sommer von Dezember bis Februar. In den Übergangsjahreszeiten (November und März) besteht zwar theoretisch eine gute Chance, in den länger werdenden Nächten Südlichter zu erspähen, jedoch sind dann die Kreuzfahrt- und Tourangebote sehr rar.

Patagonien

Die zu Argentinien und Chile gehörende Region Patagonien liegt südlich genug, dass auch hier die Aurora australis zu sehen ist. Die Südlichter sind allerdings selten stark genug, um sichtbar zu sein; außerdem muss man dazu während der Wintermonate in Gebirgsregionen fahren. Traveller, die die Aurora in Patagonien miterleben wollen, beziehen ihr Standquartier im argentinischen Ushuaia.

Falklandinseln

Die 483 km vor der Ostküste Argentiniens gelegenen Falklandinseln gehören zu den isoliertesten Orten der Erde. Viele Besucher kommen im Rahmen einer Antarktisreise auch auf die Falklandinseln, um Pinguine zu beob-

Das Schauspiel der Aurora australis über der Halley Research Station in Antarktika

© Stuart Holroyd / Alamy Stock Photo

achten. Im April oder August können sie vielleicht auch Südlichter sehen. Vereinzelt gibt es Flüge von Río Gallegos in Argentinien oder Punta Arenas in Chile zu der Inselgruppe.

Südgeorgien und die Südlichen Sandwichinseln

Südgeorgien und die Südlichen Sandwichinseln befinden sich rund 1400 km östlich der Falklandinseln und damit im weiten Nichts des Südatlantik. Sie sind nur mit dem Schiff zu erreichen, normalerweise im Rahmen einer Antarktis-Kreuzfahrt. Diverse Veranstalter machen auf diesen Inseln Station, aber nur wenige Fahrten finden in den kurzen Übergangsjahreszeiten statt, wenn die Südlichter sichtbar sein könnten.

Sonnen-finsternisse

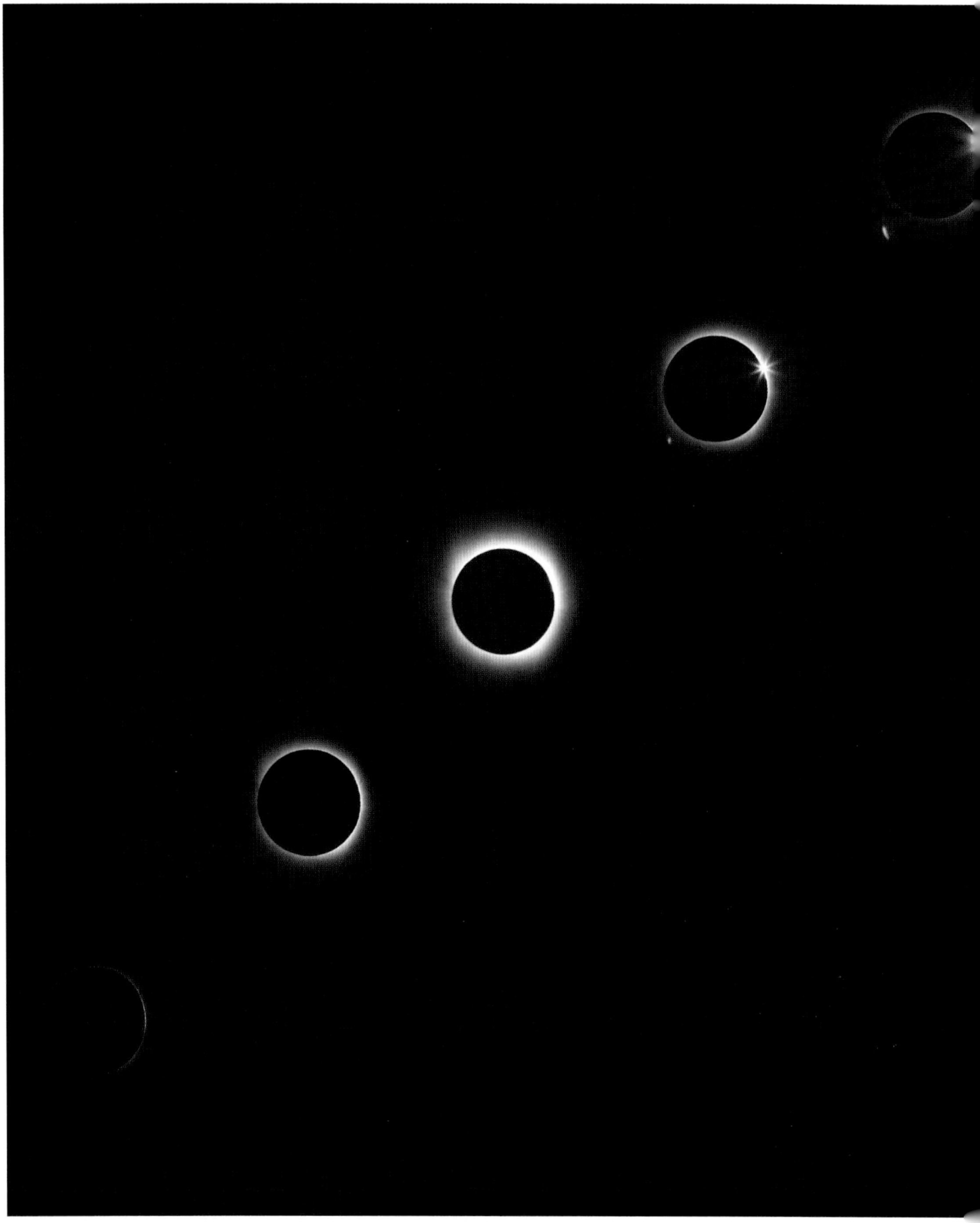

Dass die Sonne am Himmel steht, erscheint uns selbstverständlich. Schon lange bevor es Menschen gab, ging sie jeden Morgen auf, spendete tagsüber Licht, ging abends unter und wich der Nacht. Ihr Auf- und Untergang legt die Länge der Nacht fest, in der Sterne, Polarlichter oder Meteorströme zu sehen sind. Und am Tag leben wir unter ihrem beständigen Licht – jedenfalls, solange es nicht zu einer Sonnenfinsternis kommt.

Wie bei einem Tanz kreist die Erde um die Sonne und der Mond um die Erde. Finsternisse entstehen, wenn der Schatten des Mondes auf die Erde fällt und umgekehrt. Grob lassen sich also zwei Arten von Finsternissen unterscheiden: Sonnen- und Mondfinsternisse. Eine Sonnenfinsternis entsteht, wenn der Mond zwischen Sonne und Erde liegt und seinen Schatten auf einen Teil unseres Planeten wirft. Je nach Abstand zwischen Mond und Erde zum Zeitpunkt einer Sonnenfinsternis wirft der Mond bis zu zwei Schatten: den breiten, diffusen Halbschatten (Penumbra) und den kleineren, dunkleren Kernschatten (Umbra). Abhängig von der Entfernung und von der Art des Schattens, den wir erleben, unterscheiden wir partielle, totale und ringförmige Sonnenfinsternisse.

Partielle Sonnenfinsternisse entstehen, wenn der Mond zwischen Sonne und Erde gelangt und einen Halbschatten auf Teile der Erde wirft. Alle Sonnenfinsternisse sind zu bestimmten Zeit- oder von bestimmten Beobachtungspunkten aus partielle Sonnenfinsternisse.

Totale Sonnenfinsternisse entstehen, wenn der Abstand zwischen Mond und Erde so groß ist, dass Sonne und Mond scheinbar dieselbe Größe haben. Während einer totalen Sonnenfinsternis legt sich der Mond vollständig vor die Sonne und erzeugt einen Kernschatten (in dem die Totalität auftritt) und einen Halbschatten (in dessen Bereich die Beobachter eine partielle Sonnenfinsternis erleben).

Ringförmige Sonnenfinsternisse entstehen, wenn der Mond weiter von der Erde entfernt ist als bei einer totalen Sonnenfinsternis, sodass der Schatten des Mondes die Sonne nicht völlig bedeckt. Bei einer solchen Feuerkranz-Sonnenfinsternis erscheint ein Lichtkranz um die dunkle Mondscheibe. Kein Teil der Erde fällt in den Kernschatten, es tritt also keine Totalität ein. Eine ringförmige Sonnenfinsternis ist somit ein Sonderfall einer partiellen Sonnenfinsternis.

Eine Mondfinsternis tritt auf, wenn der Schatten der Erde auf den Mond fällt. Es gibt drei Arten von Mondfinsternissen: die totale Mondfinsternis, bei der der Kernschatten der Erde vollständig auf den Mond fällt, die partielle Kernschattenfinsternis, bei der der Kernschatten der Erde nur einen Teil des Mondes bedeckt, und die Halbschattenfinsternis, bei der Mond ganz oder teilweise in den Halbschatten der Erde fällt. Bei totalen und partiellen Mondfinsternissen erscheint der Mond rot, weshalb man dann auch von einem „Blutmond" spricht.

Finsternisse wurden in der Menschheitsgeschichte als besondere Ereignisse angesehen. Die früheste Aufzeichnung von einer Finsternis geht auf das Jahr 2134 v. Chr., zurück, und es gibt Hinweise auf solche Ereignisse in einigen der ältesten Texte der Welt. Oft wurden Finsternisse als Vorzeichen gedeutet, in China sah z. B. man einen Zusammenhang zwischen Finsternissen und der Gesundheit und Lebensdauer des Kaisers, im antiken Griechenland beendete angeblich einmal eine Sonnenfinsternis einen Krieg zwischen zwei verfeindeten Gruppen. Eines steht jedenfalls fest: Auch heute noch ist eine Sonnenfinsternis ein fantastisches Erlebnis.

© Leo Patrizi / Getty Images

SICHERHEITSHINWEISE

Während für die Beobachtung einer Mondfinsternis keine Vorkehrungen getroffen werden müssen, sind wichtige Sicherheitsmaßnahmen zu beachten, wenn man eine der in diesem Kapitel erwähnten Sonnenfinsternisse sehen will. Diese Maßnahmen gelten natürlich auch für alle partiellen oder ringförmigen Finsternisse. Vor allem darf man bei einer partiellen oder ringförmigen Sonnenfinsternis nie ohne geeigneten Augenschutz direkt in die Sonne blicken. Und auch wenn die Sonne vollständig vom Mond verdunkelt zu sein scheint, kann man seine Augen schädigen, wenn man ohne Sichtschutz auf die Sonne blickt. Während einer totalen Finsternis muss man auf das Verschwinden der „Bailyschen Perlen" oder des „Diamantrings" warten, mit dem die Totalität eintritt. Dann, und nur während der Totalität, kann man den Sichtschutz abnehmen und mit bloßem Auge schauen.

Die ISO, die Internationale Organisation für Normung, gibt spezifische Empfehlungen für Schutzbrillen zur Beobachtung von Sonnenfinsternissen: Man benötigt Brillen der Norm ISO 12312-2. Bei jedem Augenschutz, den man kauft, auch bei den Sonnenfiltern für die Fotokamera, ist darauf zu achten, dass sie diesem Sicherheitsstandard entsprechen.

Mit der richtigen Ausrüstung kann man sicher dabei zusehen, wie sich allmählich der Himmel verdunkelt, die Dämmerung vordringt und die Sonne hinter dem Mond verschwindet …

ÜBERSICHT

Fast jede größere Weltregion wird in den 2020er-Jahren eine totale Sonnenfinsternis erleben. In jedem Jahr ereignen sich, je nach Stellung der Erde zu Sonne und Mond, zwischen vier und sechs Finsternisse. Die vergleichsweise seltenen totalen Sonnenfinsternisse treten rund alle 18 Monate irgendwo auf der Erde auf. Sie ziehen über einige der abgelegensten Regionen der Welt, aber auch über einige der bevölkerungsreichsten – also: Schutzbrille einpacken und los geht's!

Mondfinsternisse und partielle Sonnenfinsternisse haben ihren Reiz, aber die im Folgenden aufgelisteten totalen Sonnenfinsternisse sind etwas ganz Besonderes. Bei einigen ist bereits die Anreise ein Abenteuer, hingegen lassen sich Besuche in zentraler gelegenen Totalitätszonen leicht planen – und das lohnt sich auch, da einen ein unvergessliches Erlebnis erwartet.

Im Dezember 2020 wird eine totale Sonnenfinsternis den südlichen Teil Südamerikas, vor allem Chile und Argentinien, passieren. In der gleichen Region gab es eine Sonnenfinsternis im Juli 2019.

Im Dezember 2021 werden Pinguine und wagemutige Reisende eine totale Sonnenfinsternis in Antarktika und Teilen des Südatlantiks und des Südpazifiks erleben können. Da die Sonnenfinsternis in die dortige Sommersaison fällt, werden Tourveranstalter Travellern die Gelegenheit geben, gleich zwei Highlights ihres Wunschzettel abzuarbeiten: einen Besuch in der Antarktis und das Erleben einer Totalität.

Im April 2023 zieht eine totale Sonnenfinsternis einen Schlangenpfad durch Ozeanien und Südostasien. Der Pfad der Totalität verläuft hauptsächlich über abgelegene und ländliche Teile der Region, sodass man viel Zeit und Geld braucht, um diese Finsternis mitzuerleben. In den größeren Städten der Region wird eine partielle Sonnenfinsternis zu beobachten sein.

Im April 2024 wird Nordamerika das zweite Mal innerhalb einer Dekade eine totale Sonnenfinsternis erleben; die erste war die „Große amerikanische Sonnenfinsternis" vom August 2017. Traveller werden aus den gesamten USA und der ganzen Welt in die Totalitätszone strömen, die über Mexiko, Texas, den mittleren Westen und die Großen Seen bis ins nordöstliche Kanada verläuft.

Im August 2026 wird eine totale Sonnenfinsternis in Europa zu sehen sein, wobei der Mondschatten auf Grönland, Island und das zentrale Spanien fallen wird. In großen Teilen Europas ist dann eine spektakuläre partielle Sonnenfinsternis zu erleben, sodass in dieser Zeit mit einer starken Zunahme des Astrotourismus zu rechnen ist.

Im August 2027 kann man in Nordafrika, dem Nahen Osten und dem äußersten Ostafrika die zweitlängste Sonnenfinsternis (6 Min., 23 Sek.) des Jahrhunderts erleben. In Teilen dieser Region gibt es zwar politische Spannungen, aber dieses Ereignis dürfte auch hier für einen Tourismus-Boom sorgen.

Im Dezember 2028 ist die letzte totale Sonnenfinsternis des Jahrzehnts zu sehen: in Australien und Neuseeland. Bei klarem Himmel werden die Einwohner dieser Länder überall eine spektakuläre partielle Sonnenfinsternis und die Menschen im australischen Sydney und im neuseeländischen Dunedin sogar eine Totalität erleben.

Südamerika

2020

Die Menschen in Südchile und Argentinien haben großes Glück: Auf die totale Sonnenfinsternis im Juli 2019 wird in der Region schon am 14. Dezember 2020 eine zweite folgen. Die totale Sonnenfinsternis vom Dezember 2020 wird maximal 130 Sekunden (2 Min., 10 Sek.) lang sein.

In Schattenpfad dieser Sonnenfinsternis liegen kaum Städte oder größere Ortschaften; Temuco (275 000 Ew.) in Chile ist die größte Stadt in der Totalitätszone. Zu weiteren chilenischen Orten in der Totalitätszone gehören Villarrica (49 000 Ew.) und Pucón (22 000 Ew.). Diese Orte dürften in der Zeit rund um die totale Sonnenfinsternis eine Touristeninvasion erleben; man sollte also vorab planen. Der Parque Nacional Villarrica mit seinen drei Vulkanen liegt mitten im Verlauf der Totalität und besitzt Campingmöglichkeiten in Quetrupillán, sofern man das Himmelsschauspiel im Dickicht eines immergrünen Araukarienwaldes miterleben möchte.

Der Dezember markiert den Beginn des chilenischen Sommers, sodass man noch ein weiteres Highlight erleben kann: eine Fahrt mit der Navimag-Fähre die Küste Patagoniens hinunter an den Fjorden vorbei nach Puerto Natales. Die Fähre startet in Puerto Montt, mit dem Bus fünf Stunden südlich von Temuco. Hingegen ist es keine gute Idee, das Erlebnis der Sonnenfinsternis mit einem Besuch der Observatorien in der Atacama-Wüste zu verbinden: Beide Regionen liegen an den entgegengesetzten Enden des Landes. Vor dem Heimflug ab Santiago de Chile kann man an der Küste in Valparaíso noch Silvester feiern.

Die Totalitätszone verläuft nur über einen kleinen Teil des südamerikanischen Kontinents, aber bis hinauf nach Ecuador, Peru und Brasilien kann man eine partielle Sonnenfinsternis erleben. Diese wird u. a. in Lima (Peru), Santiago de Chile, Rio de Janeiro (Brasilien) und Buenos Aires (Argentinien) zu beobachten sein. Die partielle Sonnenfinsternis wird zudem in Teilen Antarktikas und des südlichen Afrika zu sehen sein, darunter auch in Kapstadt (Südafrika) und Windhoek (Namibia). Auch im Bereich der partiellen Sonnenfinsternis muss man unbedingt an den Schutz der Augen denken, d. h. eine Schutzbrille mitbringen.

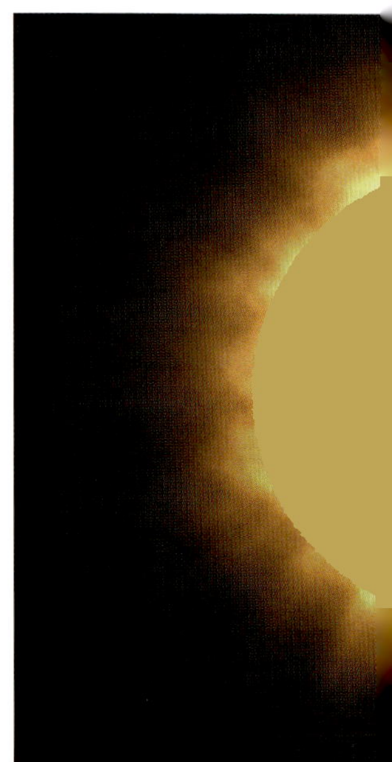

Von oben im Uhrzeigersinn: die Araukarie, der typische Nadelbaum der Region; Straßenszene im Barrio Italia, Santiago de Chile; eine totale Sonnenfinsternis mit Bailyschen Perlen

Wer die totale Sonnenfinsternis in der Region erleben will, kann schon zwei Wochen früher anreisen, denn am 30. November 2020 zieht eine Halbschatten-Mondfinsternis über das Gebiet. Anders als bei einer totalen oder partiellen Kernschattenfinsternis tritt der Mond dabei nicht voll in den Erdschatten ein, sondern es legt sich nur ein leichter Schatten über den Mond. Eine solche Mondfinsternis ist zwar nicht so spektakulär wie eine totale Kernschattenfinsternis, dennoch lohnt es sich zu sehen, wie der Mond dabei sein Erscheinungsbild ändert.

Praktische Informationen

Termin: Das Maximum der Sonnenfinsternis liegt bei 16.13.28 UTC (koordinierte Weltzeit, früher bekannt als Greenwich Mean Time) am 14. Dezember 2020.

Wichtigste Städte innerhalb der Totalitätszone: Temuco, Villarrica und Pucón, alle in Chile

Der Vulkan Villarrica.

Antarktika

2021

© David Merron Photography / Getty Images

Eine Gruppe von Adeliepinguinen auf dem leicht blau leuchtenden Eis

Die meisten Traveller besuchen Antarktika, um Pinguine zu sehen und eine der letzten Grenzregionen der Erde zu erkunden. Himmelsbegeisterte können hier am 4. Dezember 2021 eine totale Sonnenfinsternis erleben. Die Finsternis wird mit einer maximalen Dauer von 114 Sekunden (1 Min., 54 Sek.) über Antarktika ziehen, aber leider wird es wegen des Verlaufs der Totalität und der wenigen besiedelten Orte in der Region praktisch unmöglich sein, diese Zeit komplett zu erleben. Die meisten Basislager liegen auf der Antarktischen Halbinsel, die von der Totalität nicht überquert werden wird. Der größte Teil ihres Weges liegt nahe dem geografischen Südpol oder in der rauen See des Südpolarmeers. Wer sich dennoch in diese Regionen wagt, lässt sich auf eine einmalige Expedition ein.

Die Totalitätszone liegt in einem der abgelegensten Teile der Welt. Hier befindet sich nur eine einzige dauerhafte Siedlung, die argentinische Orcadas-Station (45 Ew.). Die Sonnenfinsternis erreicht die Orcadas-Station fast an ihrem Ende, sodass die Totalität dort nur 58 Sekunden dauern wird. Ansonsten wird die Show am Himmel nur für die vielen Pinguine aufgeführt. Da die Finsternis in der eisigen Weite des abgelegensten Kontinent stattfindet, wird sie ein noch ehrfurchtgebietenderes Ereignis sein als die meisten anderen – und das nicht nur, weil so wenige Menschen die Stille unterbrechen.

Wer diese ferne Sonnenfinsternis sehen will, sollte für diese Zeit eine Kreuzfahrt in die Region buchen. Die Tourveranstalter werden versuchen, möglichst im Rahmen üblicher Antarktis-Expeditionen, die Totalitätszone zu passieren. Da die Sonnenfinsternis in die Hauptsaison für einen Besuch Antarktikas fällt, bietet sich durchaus die Gelegenheit, gleich mehrere einmalige Reiseerlebnisse zu kombinieren.

Noch extremer (und kostspieliger) ist ein Flug in die Totalitätszone ab Punta Arenas in Chile. Die Begeisterung kann einen sogar zu einem Aufenthalt im privaten Union Glacier Camp verleiten, das ein eigenes Flugfeld bietet. Eine totale Sonnenfinsternis in Antarktika ist sicher eine gute Gelegenheit zu einer epischen, viel Planung erfordernden Reise. Trotz begrenzter Zugänglichkeit wird die Nachfrage hoch sein, weil viele die Dramatik einer Finsternis auf dem südlichsten Kontinent werden erleben wollen.

Leichter erreichbar für Traveller ist die Zone der partiellen Sonnenfinsternis. Zu den wichtigsten Städten in dieser Zone gehören Kapstadt in Südafrika, Queenstown in Neuseeland, Canberra und Melbourne in Australien sowie Hobart auf Tasmanien.

Oben: die alte Kirche der aufgelassenen Walfangstation Grytviken in Südgeorgien; rechts: Kreuzfahrtschiff im Lemaire-Kanal

Viele Antarktis-Kreuzfahrten beinhalten heute Stopps an den Falklandinseln oder im britischen Überseegebiet Südgeorgien und die Südlichen Sandwichinseln. Diese einst unbewohnten Inselgruppen wurden im 17. und 18. Jh. von den Europäern entdeckt, kolonisiert und besiedelt. Auf beiden Inselgruppen befinden sich heute neben Pinguinkolonien Militärbasen, die Forschungen betreiben und den Umweltschutz fördern. In der Zwischensaison kann man hier das Südlicht sehen, die Reisemöglichkeiten sind allerdings durch das Packeis eingeschränkt.

Praktische Informationen

Termin: Das Maximum der Sonnenfinsternis liegt bei 07.33.26 UTC am 4. Dezember 2021.

Wichtigste Städte innerhalb der Totalitätszone: keine. Die einzige dauerhafte Siedlung in der Totalitätszone ist die Orcadas-Station auf Laurie Island, Südliche Orkneyinseln.

Ozeanien & Maritimes Südostasien

2023

Der Mondschatten wird am 20. April 2023 seinen Weg durch Südostasien ziehen und die Region verdunkeln – dabei aber auf seiner Route durch Australien, Osttimor und das zu Indonesien gehörende Westneuguinea praktisch alle größeren Städte und Ortschaften meiden. Da das Maximum der Finsternis gerade einmal 76 Sekunden (1 Min., 16 Sek.) beträgt, werden nur passionierte Sonnenfinsternisjäger die Reise unternehmen, um die totale Sonnenfinsternis mitzuerleben. Anlocken dürfte sie aber der Umstand, dass es sich um eine relativ seltene hybride Sonnenfinsternis handelt, die je nach Standort als totale oder als ringförmige Sonnenfinsternis wahrzunehmen ist.

Die Totalität streift die Nordwestküste Australiens und wandert dann über die Inseln nordöstlich des Kontinents vom Indischen Ozean bis in den westlichen Pazifik. Nun gibt es zwar kleine Gemeinden in der Inselnation Osttimor und in Westneuguinea, in denen die Finsternis in voller Pracht zu sehen sein wird, aber viele davon dürften einem größeren Touristenansturm kaum gewachsen sein – ihnen fehlt es an all den Annehmlichkeiten, die viele Sonnenfinsternisjäger erwarten. Westneuguinea, die größte und am weitesten östlich gelegene Provinz Indonesiens, ist im Wesentlichen nur für unerschrockene Entdecker und Amateur-Ethnologen von Interesse, und selbst von diesen Reisenden dürften nur wenige kommen. Die Totalität überquert weitgehend ländliche Gebiete dieser Region.

Luftbild der Turquoise Bay, Exmouth, Australien

© Jonathan Stacey / 500 px

Eine der größten Gemeinden in der Totalitätszone ist Exmouth in Australien (2200 Ew.); hier ist ein Ansturm von Touristen zu erwarten, man sollte also die Reise früh planen. Campen im Cape Range National Park ist eine gute Option für Outdoorfans, wenn man weit im Voraus online seinen Stellplatz bucht. Luxuriöser ist es, ein Boot zu chartern, an Bord zu wohnen und in der Totalitätszone am Ningaloo Reef, einer Welterbestätte, herumzuschippern. Australiens längstes Saumriff liegt direkt vor der Küste und ist ein erstklassiger Ort, um Walhaie zu beobachten. Die hybride Sonnenfinsternis fällt praktischerweise in die beste Zeit zur Beobachtung dieser sanften Riesen in den dortigen Gewässern. Auch Osttimor ist von Korallenriffen mit vielen Meeresbewohnern umgeben, sodass Astrotouristen mit

Links: Walhai mit Begleitfischen; rechts: die Milchstraße über den Henbury-Meteoritenkratern in Australien

© Rich Carey / Shutterstock; © National Geographic Image Collection / Alamy Stock Photo

Tauchschein oder einer Vorliebe fürs Schnorcheln hier zwei Fliegen mit einer Klappe schlagen können.

Alle, denen Osttimor, Westneuguinea und Western Australia definitiv zu abgelegen und zu schlecht erreichbar sind, können in einigen Großstädten im April 2023 zumindest eine partielle Sonnenfinsternis miterleben. Dazu gehören die zentraler gelegenen Städte Perth (Australien), Jakarta (Indonesien), Manila (Philippinen), Singapur sowie Ho-Chi-Minh-Stadt (Vietnam). Die partielle Sonnenfinsternis wird in der gesamten Region zu beobachten sein, darunter in Malaysia, Taiwan, Teilen des südlichen Japans sowie in ganz Papua-Neuguinea, Indonesien und Australien. In vielen größeren Städten der Region wird es wahrscheinlich Events und Touren anlässlich der Sonnenfinsternis geben.

Wer die Sonnenfinsternis mit einer Reise abseits ausgetretener Wege verbinden will, kann sich in Exmouth die Finsternis ansehen und dann ins Outback aufbrechen. Dort erwarten einen fantastische Meteoritenkrater: der Wolfe Creek Meteorite Crater National Park in Western Australia sowie der Gosses-Bluff-Krater und das Henbury Meteorites Conservation Reserve im Northern Territory. Zum Besuch dieser drei Orte braucht man ein Auto.

Praktische Informationen

Termin: Das Maximum der Sonnenfinsternis liegt bei 04.16.49 UTC am 20. April 2023.

Wichtigste Städte innerhalb der Totalitätszone: keine. Man kann die partielle Sonnenfinsternis aber von einigen Großstädten aus beobachten.

Nordamerika

2024

© Witold Skrypczak / Alamy Stock Photo

Die Mule Ears Peaks bei Sonnenuntergang, Chihuahua-Wüste im Big Bend National Park, Texas

Fast sofort nach dem Ende der Totalität der „Großen amerikanischen Sonnenfinsternis" vom August 2017 begannen die Menschen schon über die nächste totale Sonnenfinsternis in der Region zu sprechen. Glücklicherweise ist die Wartezeit nicht allzu lang: Die nächste totale Sonnenfinsternis wird schon am 8. April 2024 über Nordamerika hinwegziehen. Und sie wird auch noch viel länger dauern als jene von 2017, nämlich 268 Sekunden (4 Min., 28 Sek.). Zwar wird die Sonnenfinsternis nicht in ganz Nordamerika so lang sein, aber doch beträchtlich länger erscheinen als jene, die 2017 zu erleben war.

Die Finsternis wird in nordöstlicher Richtung durch Nordamerika ziehen und auf dem ganzen Kontinent sichtbar sein – sogar in Teilen des südöstlichen Alaska! Wie im August 2017 werden voraussichtlich auch im April 2024 mehrere Millionen Menschen in die Totalitätszone reisen. Aus diesem Grund sollte man seine Anreise weit im Voraus planen: Die Hotels und Tourveranstalter werden wahrscheinlich schon Monate im Voraus ausgebucht sein, und auf den Highways und Landstraßen dürfte starker Verkehr herrschen. Wer in den Tagen um die Sonnenfinsternis unterwegs ist, sollte größere Verzögerungen einplanen; eine längere Reise, bei der man sich eine Stadt oder eine nahe gelegene Dark-Sky-Attraktion in seinem Zielgebiet anschaut, ist sicher keine schlechte Idee.

Eine Reihe von Großstädten liegt in der Totalitätszone, darunter Mazatlán und Durango in Mexiko, in den USA Dallas und Austin (Texas), Indianapolis (Indiana) und Cleveland (Ohio) sowie in Kanada Montréal (Québec). Die Totalität wird natürlich auch in vielen kleineren Städten und Gemeinden zu erleben sein.

Sogar einige Dark Sky Parks liegen in der Totalitätszone und sind tolle Ergänzungen zum Reiseplan. Dazu gehören der Big Bend National Park an der Grenze zu Mexiko in Texas, der Enchanted Rock in der Nähe von Austin (Texas), der Geauga Observatory Park in Montville (Ohio) und das Dark Sky Reserve Mont-Mégantic in Québec (S. 48). Wer die Finsternis in einem dieser Parks sieht, kann nachts dann gut die Sterne beobachten.

Außerhalb der Totalitätszone sieht man in Großstädten wie Mexiko City, Toronto, New York, Chicago, Los Angeles und Washington, D.C., eine partielle Sonnenfinsternis. Diese wird auch im Südpazifik, in Zentralamerika und sogar in Europa zu sehen sein.

Oben: Strand von Mazatlán in Mexiko; rechts: Sonnenaufgang über Dallas

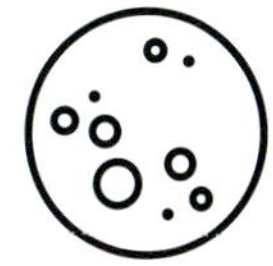

Indianapolis in Indiana liegt direkt auf dem Weg der Totalität. Die Stadt, bekannt als „Crossroads of America", wird Sonnenfinsternis-Begeisterte aus der ganzen Welt anlocken und ist gut darauf vorbereitet. Auf dem Indianapolis Motor Speedway, der Heimat der Indianapolis 500, sollen, so die Planung, bis zu 350 000 Besucher am „Größten Sonnenfinsternis-Beobachtungs-Spektakel" teilnehmen.

Praktische Informationen

Termin: Das Maximum der Sonnenfinsternis liegt bei 18.17.16 UTC am 8. April 2024.

Wichtigste Städte innerhalb der Totalitätszone: Die maximale Dauer kann man in dem Städtchen Nazas in Mexiko (3600 Ew.) erleben. Große Städte wie Austin oder Dallas in Texas sind aufgrund der vorhandenen touristischen Infrastruktur und der damit verbundenen Möglichkeiten, viele Sonnenfinsternis-Begeisterte unterzubringen, ebenfalls hervorragende Zielorte.

Europa

2026

Im August 2026 kommen endlich auch einmal wieder die Europäer in den Genuss einer totalen Sonnenfinsternis. Reisende aus aller Welt dürften dazu nach Europa strömen, auch weil der Weg der Totalität über einige der beliebtesten europäischen Reiseziele verläuft. Am 12. August 2026 wird gegen Sonnenuntergang der Schatten des Mondes über die Erde ziehen. Die maximale Dauer der Totalität wird 138 Sekunden (2 Min., 18 Sek.) betragen. In den meisten Großstädten in der Totalitätszone wird diese Dauer nicht erreicht. Man kann aber vorausplanen, um so viel wie möglich von diesem Großereignis mitzubekommen, oder begnügt sich in Metropolen wie London, Paris oder Rom mit einer partiellen Sonnenfinsternis.

Grönland ist zwar nicht so leicht zu erreichen wie andere Orte, an denen man diese Sonnenfinsternis erleben kann, aber sicher einer der faszinierendsten – ein herrliches Ziel für abenteuerlustige Astrotouristen, die nach der rund zweiminütigen Totalität in Ostgrönland arktischen Aktivitäten nachgehen können. Man sollte vorausplanen, und eine Tour oder eine Kreuzfahrt durch die Fjorde und Gletscher des östlichen Grönlands buchen, wo einen dann auch Hundeschlittenfahrten sowie Schneeschuh- und Skitouren erwarten. Mitte August kann man nach Sonnenuntergang auch gut Polarlichter sehen.

Island ist vielleicht das beste und am leichtesten zugängliche Ziel, um die Finsternis zu erleben: Reykjavík, die größte Stadt nahe dem Ort der längsten Totalität ist mit dem Flugzeug gut erreichbar. In Reykjavík oder im nahe gelegenen Thingvellir National Park kann man eine kurze 63-sekündige Totalität erleben, bevor der zweite Teil der zweistündigen partiellen Sonnenfinsternis beginnt. Während der gesamten Sonnenfinsternis sinkt die Sonne in Richtung Horizont, man muss also überall einen Standort mit unverstellter Sicht auf den westlichen Horizont wählen. Wie bei einer Reise nach Grönland hat man auch in Island die Chance, nach dieser Sonnenfinsternis noch Polarlichter zu sichten.

Auf dem europäischen Kontinent zieht die Totalität eine breite Schneise über die iberische Halbinsel, sodass man sie in großen Teilen Spaniens er-

Von oben im Uhrzeigersinn: Nordlicht über dem Dorf Oqaatsut in Westgrönland; Hundeschlitten in Ostgrönland; Sonnenuntergang über dem Strokkur-Geysir auf Island

leben kann. Im übrigen Europa und in Teilen Nordafrikas wird kurz vor Sonnenuntergang eine partielle Sonnenfinsternis von einer Dauer zwischen ungefähr 45 Minuten und zwei Stunden zu beobachten sein. Wer in Spanien die Totalität miterleben möchte, fährt in Städte wie Bilbao an der Nordküste, Valladolid im Landesinneren oder Valencia am Mittelmeer. In den meisten Großstädten wird die Sonne bei Eintritt der Totalität nur wenige Grad über dem Horizont stehen; daher braucht man unbedingt einen Standort mit freiem Blick nach Nordwesten. Die Totalität ist nur sehr kurz, zwischen 36 Sekunden in Bilbao und 89 Sekunden in Valladolid. Madrid und Barcelona liegen knapp außerhalb der Totalitätszone, man kann aber dort wohnen und einen Tagesausflug in die Totalitätszone unternehmen.

Links: die isländische Hauptstadt Reykjavík; rechts: Guggenheim Museum in Bilbao

In welche europäische Stadt man zur Sonnenfinsternis des Jahres 2026 auch reist, höchstwahrscheinlich finden sich weitere interessante Astrotourismus-Ziele in ihrer Nähe. In Grönland könnte man in den Nächten Nordlichter sehen, in Island kann man zum See Jökulsárlón fahren und dort ebenfalls nach Polarlichtern spähen. In Spanien bietet sich ein Abstecher nach Albanyá an.

Praktische Informationen

Termin: Das Maximum der Sonnenfinsternis liegt bei 17.46.01 UTC am 12. August 2026.

Wichtigste Städte innerhalb der Totalitätszone: Die maximale Dauer wird über dem Nordatlantik östlich von Reykjavík, Island, erreicht. In Spanien liegen Bilbao, Valencia und Valladolid in der Totalitätszone. In Ibiza wird ebenfalls für 74 Sekunden die Totalität eintreten – attraktiv für Touristen, die Badeurlaub und Nachtleben mögen.

Nordafrika

2027

Über dem Nil und in den europäischen und nordafrikanischen Städten rund um die Straße von Gibraltar wird sich am 2. August 2027 der Himmel verdunkeln. Dann stürzt eine totale Sonnenfinsternis Nordafrika und kleine Gebiete Europas und des Nahen Ostens ins Dunkel. Der Mondschatten zieht über die Nordküste Afrikas, überquert das Rote Meer und Teile der arabischen Halbinsel und sogar das Horn von Afrika. Diese totale Sonnenfinsternis wird erstaunliche 383 Sekunden (6 Min., 23 Sek.) dauern und ist damit die zweitlängste totale Sonnenfinsternis im 21. Jh.

Um zu dieser Sonnenfinsternis anzureisen, ist Vorausplanung erforderlich, auch wenn die touristische Infrastruktur in Nordafrika weiterhin immer besser wird. Insbesondere bieten sich Länder an, die schon jetzt eine starke Tourismusindustrie besitzen. Das südliche Spanien (einschließlich der Städte Málaga und Cádiz) ist ein gutes Ziel, aber auch Städte wie Tanger in Marokko oder Gemeinden am Nil in Ägypten eignen sich. Asyut in Ägypten ist die Stadt, die dem Punkt der maximalen Dauer am nächsten liegt; hier erlebt man eine Totalität von mehr als sechs Minuten und eine partielle Sonnenfinsternis von fast drei Stunden. Auch Luxor mit seinen Pyramiden liegt in der Totalitätszone, Assuan am Nilufer hingegen gleich außerhalb.

In der Totalitätszone liegen auch Teile des nördlichen Algeriens und Tunesiens sowie das nordöstliche Libyen. Tourveranstalter, sowohl vor Ort, aber auch weltweit, werden wahrscheinlich viele Angebote in ihrem Programm haben, die Wüstentouren in der nördlichen Sahara mit dem Erlebnis der Sonnenfinsternis verbinden. Saudi-Arabien könnte ein geeignetes Ziel für einige Traveller sein, da die Stadt Dschidda direkt in der Totalitätszone liegt wie auch die jemenitische Hauptstadt Sana'a. Wenn man eine Reise zu diesen Zielen plant, muss man aber unbedingt die politische Lage im Auge haben, ebenso an der Nordspitze Somalias, wo die Totalität ebenfalls zu sehen sein wird, etwa in der Stadt Bosaso. Die letztgenannten Ziele sind aber wirklich nur etwas für sehr wagemutige Astrotouristen.

Viele Großstädte in der Region, z. B. Rabat (Marokko), Algier (Algerien),

Málaga in Andalusien ist eine der Städte in der Totalitätszone.

© Jose Francisco Sanchez / Alamy Stock Photo

Tunis (Tunesien) und Kairo (Ägypten) liegen nahe der Totalitätszone, aber nicht in ihr. Von ihnen aus kann man durchaus mehrtägige Touren in die Totalitätszone planen. Tourveranstalter werden sicher auch dafür diverse Trips anbieten, um vom Tourismus-Boom rund um die Finsternis zu profitieren.

Wer eine Reise nach Marokko plant, um die Sonnenfinsternis zu sehen, kann ein paar Nächte in der Nähe von Merzouga und des Erg Chebbi (S. 72) anschließen. Dies ist einer von vielen hervorragenden Orten zur Sternenbeobachtung im östlichen Marokko, und diverse Tourveranstalter bieten geführte Beobachtungstouren mit Aufenthalt in der Wüste an.

Praktische Informationen

Termin: Das Maximum der Sonnenfinsternis liegt bei 10.06.36 UTC am 2. August 2027.

Wichtigste Städte innerhalb der Totalitätszone: Málaga und Cádiz in Spanien, Tanger in Marokko, Luxor in Ägypten, Dschidda und Mekka in Saudi-Arabien und Sana'a in Jemen sind, soweit keine politische Spannungen dies verhindern sollten, gute Optionen für Reisende, die diese einmalig lange Sonnenfinsternis miterleben wollen.

Die Dünen des Erg Chebbi in der marokkanischen Wüste

Australien & Neuseeland

2028

Im Jahr 2023 wird man nur in einem sehr kleiner Teil Australiens eine totale Sonnenfinsternis erleben können (S. 226), aber am 22. Juli 2028 liegt ein viel größerer Teil des Landes in der Totalitätszone einer weiteren totalen Sonnenfinsternis. Sie hat ein Maximum von 310 Sekunden (5 Min., 10 Sek.), und die Totalitätszone überquert das Northern Territory sowie die Bundesstaaten Western Australia, Queensland, South Australia und New South Wales. Auch die neuseeländische Südinsel liegt in der Totalitätszone.

© dave stamboulis / Alamy Stock Photo; © Taras Vyshnya / Shutterstock

Links: Tunnel Beach in Neuseeland; rechts: das CBD und der Hafen von Sydney

Die totale Sonnenfinsternis verdunkelt überwiegend das australische Outback, einen abgelegenen, wenig erschlossenen Teil des Landes. Abenteuerlustige können sich mit einem Van auf eigene Faust aufmachen oder eine Tour buchen, um die Sonnenfinsternis in diesem abgelegenen Gebiet zu sehen. Wer die längstmögliche Totalität erleben will, fährt in den nördlichen Teil von Western Australia, wo sie nahe dem Mitchell River National Park die vollen 310 Sekunden dauert.

Wenn man eine Großstadt vorzieht, dann ist Sydney erste Wahl. Dort dauert die Sonnenfinsternis zweieinhalb Stunden, mit einer Totalität von drei Minuten und 58 Sekunden. In der Hauptstadt von New South Wales und den umliegenden Orten wird es zweifellos viele Events und Touren in die Region geben. Da die Finsternis in den australischen Winter fällt, liegt aber die Chance auf einen bedeckten Himmel bei ca. 50 %. Ansonsten sieht man die Sonnenfinsternis am Nordhimmel, wenn sich die Sonne dem Horizont nähert; um sie gut zu beobachten, braucht man einen freien Blick auf den nordwestlichen Horizont. Wer möchte, kann die Reise mit einem Trip nach Tasmanien (S. 203) verbinden, um Südlichter zu sichten.

Leider liegt der Uluru (Ayers Rock) während der Sonnenfinsternis von

2028 nicht in der Totalitätszone. An diesem berühmten Naturdenkmal Australiens wird die Sonnenabdeckung aber immerhin 80% betragen.

In Neuseeland zieht die Totalität über die Südinsel. Egal, ob in Fiordland an der Westküste oder in der Stadt Dunedin im Osten, die Sonnenfinsternis in Neuseeland wird über zwei Stunden dauern, mit einer Totalität von ca. zwei Minuten und 55 Sekunden. Bei einer Reise nach Neuseeland kann man sich auch noch auf die Jagd nach Polarlichtern machen, die vor allem in den südlichsten Teilen der Südinsel zu sehen sind. Das Aoraki Mackenzie Dark Sky Reserve (S. 78) ist eine weitere lohnende Attraktion.

Oben: Küste im Kalbarri National Park; rechts: Grand High Tops in Warrumbungle

Der Warrumbungle National Park (S. 40) ist einer der besten Orte in Australien, um einen dunklen Nachthimmel zu bewundern; er war der erste Dark Sky Park in Australien. Der Park ist auch toll, um die Sonnenfinsternis von 2028 mitzuerleben, denn er liegt in der Totalitätszone. Wer will kann auch noch einen Abstecher zum Siding Spring Observatory machen.

Praktische Informationen

Termin: Das Maximum der Sonnenfinsternis liegt bei 02.55.22 UTC am 22. Juli 2028.

Größere Städte in der Totalitätszone: Sydney (Australien) und Dunedin (Neuseeland) sind die beiden größten Städte in der Totalitätszone. Wer dem größten Massenandrang entgehen will, fährt in kleinere Orte im Umland.

Weltraum-bahnhöfe

Raketen wurden erstmals im 10. Jh. von den Soldaten der chinesischen Song-Dynastie eingesetzt – ursprünglich als Antrieb für Pfeile. Seitdem waren sie vor allem Kriegswaffen. Erst im 20. Jh. begann nach dem Zweiten Weltkrieg auch eine Nutzung für zivile Zwecke: technische Innovationen, Forschung und sogar Raumfahrt-Tourismus. Seit dem Flug des Sputnik (1957) hat die Menschheit eine Vielzahl von Objekten ins All geschossen: Heute umkreisen fast 2000 Satelliten die Erde, während Raumsonden die Weiten unseres Sonnensystems erkunden – und sie alle sind mithilfe von Raketen in den Weltraum gelangt.

Ein Raketenstart scheint die Schwerkraft zu überwinden und bietet ein unvergessliches Erlebnis: Wer Zeuge dieser eindrucksvolle Meisterleistung moderner Technologie wird, fühlt das laute Donnern der Booster (Antriebseinheiten) bis in seinen Brustkorb hinein. Auch die Hitze ist kilometerweit zu spüren, während die Rakete an Höhe gewinnt. Selbst bei großer Entfernung gehört ein solcher Start zum Aufregendsten, das man überhaupt beobachten kann!

In den ersten 60 Jahren der Raumfahrt sind fast 40 000 Raketenstarts erfolgt. Die meisten Menschen haben aber noch nie einen davon live gesehen – teilweise, weil die meisten Weltraumbahnhöfe fern besiedelter Gebiete liegen: Raketenstarts sind u. a. wegen Explosionsgefahr sehr risikoreich. Zudem fallen oft gezielt abgetrennte Rumpf- oder Booster-Teile zurück zur Erde (meist an Fallschirmen ins Meer). Um Unfälle durch diese Gefahren zu minimieren, wurde der Großteil der Startplätze abseits von Großstädten und in Küstennähe angelegt. Im Laufe der Zeit sind aber auch im etwas näheren Umkreis mancher Weltraumbahnhöfe kleinere und größere Städte entstanden, was Besuche erleichtert.

Wer den spektakulären Anblick einer abhebenden Rakete live und direkt genießen will, muss flexibel sein: Die Starts sind Teil von Weltraum-Missionen. Bei technischen und/oder wetterbedingten Problemen werden sie daher oft in letzter Minute abgesagt bzw. verschoben. Insofern gibt es dafür nur grobe Zeitfenster, die keine Rücksicht auf Touristen nehmen. Die Termine werden meist erst ein paar Wochen vorher veröffentlicht, sofern es sich nicht um eine besonders bedeutende Mission handelt. Planen kann somit schwierig sein. Die Website Spaceflight Now führt ein sehr gutes Verzeichnis mit anstehenden Starts in aller Welt (jeweils inkl. Kurzbeschreibung). Bei engem Zeitplan und der Wahl zwischen einer bemannten oder unbemannter Mission ist letztere stets die bessere Option: Ein Start ohne Astronauten ist unkomplizierter, was die Wahrscheinlichkeit für ein pünktliches Abheben erhöht. Dennoch sollte man auch hier immer mit Verzögerungen rechnen! Teststarts sind ein zweischneidiges Schwert: Die Jungfernflüge neuer Raketen-Prototypen erfolgen oft recht pünktlich. Andererseits ist das Risiko für Probleme jeder Art bei Tests immer am höchsten.

Weltraumbahnhöfe sind weltweit sehr selten und noch seltener für die Öffentlichkeit bzw. ausländische Besucher geöffnet. Wer große Distanzen nicht scheut und einen Reiseplan mit genug Flexibilität für Startverzögerungen hat, kann Raketen z. B. an Floridas Space Coast beim Abheben beobachten – ebenso im tropischen Regenwald von Französisch-Guayana, auf einer einsamen neuseeländischen Halbinsel und nahe einer belebten Großstadt in Südindien. Die zunehmende Häufigkeit von Starts rund um den Globus steigert die Chancen auf ein persönliches Erlebnis. Die Planung ist zwar wirklich nicht einfach – aber sobald sich der Countdown dem Ende nähert und die Spannung immer größer wird, weiß man: Es hat sich gelohnt! Zudem bieten alle im Folgenden genannten Ziele auch noch weitere Sehenswürdigkeiten mit oder ohne Weltall-Bezug.

Kamel-Karawane in den Dünen der Wüste Gobi

China

CNSA

Im Jahr 2018 startete China so viele staatlich finanzierte Raketen wie die gesamte vereinte US-Raumfahrtindustrie – was Chinas Ambitionen zeigt, schnell in diesem Wirtschaftssektor und im All eine führende Rolle zu übernehmen. Neben den USA und Russland ist China bisher die einzige Nation, die bemannte Raumfahrt betreibt (inkl. eigener Raumstation).

Geschichte, Kultur und Küche des Landes locken bereits immer mehr Besucher an. Aber in den nächsten Jahrzehnten werden auch zunehmend Raketenstarts und andere Raumfahrt-Events unter den Attraktionen sein. Chinas vier große Weltraumbahnhöfe unterscheiden sich in puncto Starthäufigkeit und öffentlichem Zugang (vor allem für Ausländer). Wer aber gerade sowieso schon in der entsprechenden Region weilt, hat durchaus die Chance, einen Start zu sehen.

Das Jiuquan Satellite Launch Center (Kosmodrom Jiuquan) in der Inneren Mongolei ist von der nordchinesischen

Wüste Gobi umgeben. Der 1958 eröffnete Startplatz ist landesweit der älteste und am längsten aktiv genutzte. Hier haben bisher auch alle bemannten Weltraum-Missionen Chinas begonnen – darunter die Einrichtung der 2018 verglühten Raumstation Tiangong-1. Die nahe Großstadt Jiuquan (fast 1 Mio. Ew.) ist eine gute Ausgangsbasis für historische Reisen ins feudale China: In der Region liegen u. a. die Mausoleen der Wei- und Jin-Dynastie, die uralten Mogao-Höhlen und die „Weinquelle" der Westlichen Han-Dynastie. Am besten verknüpft man einen Besuch dieser Stätten mit dem Hoffen auf einen Raketenstart – so lässt sich ein Bogen zwischen Vergangenheit, Gegenwart und Zukunft in China schlagen.

Das Taiyuan Satellite Launch Center (Kosmodrom Taiyuan) liegt westlich von Peking (6½ Std. mit dem Auto) in der Provinz Shanxi. Seit seiner Inbetriebnahme (1968) hat es Forschungs-, Foto- und Wettersatelliten gestartet. Die Gegend empfiehlt sich für einen Zwischenstopp bei Trips zu anderen nordchinesischen Städten – z. B. nach Shijiazhuang mit seinen Tempeln, Klöstern und heißen Bergquellen. Erwartet man einen Start, kann man auch von der Hauptstadt aus mit dem Zug nach Shijiazhuang reisen und von dort aus nach Taiyuan fahren. In Peking selbst locken die Chinesische Mauer, die Verbotene Stadt und das Museum der China Academy of Launch Vehicle Technology (CALT).

Als südlichster aktiver Weltraumbahnhof des Landes liegt das Xichang Satellite Launch Center (Kosmodrom Xichang) südlich von Chengdu in der Provinz Sichuan. Seit 1984 heben hier geostationäre Satelliten zu Navigations-, Kommunikations-, Überwachungs- und Vermessungszwecken ab. 2007 wurden zukünftige Starts mit touristischen Zuschauern in Aussicht gestellt. Dennoch ist Xichang bislang nicht für Ausländer zugänglich; zudem sind die Beobachtungsmöglichkeiten außerhalb der Sperrzone begrenzt.

Die wohl „öffentlichsten" Raketenstarts bietet der neueste Weltraumbahnhof des Landes: die Wenchang Spacecraft Launch Site (Kosmodrom Wenchang) auf der südchinesischen Insel Hainan. Der Standort wurde gewählt, um dank der Nähe zum Äquator mehr Nutzlast beim Start zu ermöglichen. Seit der Eröffnung (2014) sind ein paar wenige Starts erfolgt – Testflüge von neuen Raketen und Raumkapseln für Chinas bemannte Präsenz im All. Wenchang ist gut erreichbar: Ab Hongkong, Nanning oder Guangzhou geht's jeweils recht schnell per Flugzeug (60–75 Min.) und Autofahrt (1 Std.) hierher. Entsprechend gewachsen ist bereits die Schar der neugierigen Weltraum-Touristen an Hainans Stränden. Wer eine chinesische Rakete beim Abheben beobachten will, kann auf eigene Faust nach Wenchang reisen. Dort ist auch eine neue „Touristenstadt" geplant, um noch mehr Besucher anzulocken.

Bezeichnungen für Raumfahrer sind fast so vielfältig wie die Raumfahrtnationen: Es gibt Astronauten (USA, Europa), Kosmonauten (Russland) und Spationauten (Frankreich). Sowie Taikonauten (China): Ende der 1990er-Jahre erfand ein malaysischer Nachrichten-Reporter diesen Begriff, indem er die Mandarin-Schriftzeichen für Weltraum (太空) mit dem Suffix „-naut" kombinierte.

Praktische Informationen

Raketenstarts: In puncto Startfenster und Ladungen hält sich China sehr bedeckt: Viele Starts erfolgen hier ohne weltweite Ankündigung und werden auch in den nationalen Medien kaum erwähnt. Einige Websites liefern Infos zu chinesischen Raketenstarts. Diese betrachtet man aber besser nur als grobe Richtlinie und findet sich bis zu einer Woche vorher ein – manche Raketen heben „früh", andere wiederum „spät" ab.

Französisch-Guayana

ESA

Startrampen im Weltraumbahnhof Kourou (Französisch-Guayana)

Französisch-Guayana liegt an der Nordküste von Südamerika – auf den ersten Blick ein überraschender Standort für das Startgelände der Europäischen Weltraumorganisation (European Space Agency; ESA), die international zu den größten Raumfahrtagenturen zählt. Doch die große Nähe zum Äquator macht die Lage ideal für Raketenstarts mit mehr Nutzlast bei geringerem Treibstoffverbrauch. Der Landesname ist Programm: Dies ist ein französisches Departement, und der Hauptsitz der ESA befindet sich in Paris.

Umgeben von größtenteils unberührten Regenwäldern liegt das Raumfahrtzentrum Guayana (Centre Spatial Guyanais; CSG) abgeschieden an der Küste. Dies ist optimal, um Starts mit minimalem Risiko für Siedlungen durchführen zu können – und perfekt für abenteuerlustige Astro-Touristen, die in tiefster Wildnis einen der besucherschwächsten Orte des Planeten erkunden wollen. Dank dem einzigartigen Ethno-Mix aus Karibik, Amerika und Europa wird hier auch jeder Raketenstart zum multikulturellen Erlebnis.

Die ESA wurde Mitte der 1970er-Jahre gegründet und ist damit jünger als viele andere Raumfahrtagenturen. Sie wird von der EU und von einzelnen EU-Mitgliedsländern finanziert. Die Organisation überwacht alle europäischen Satellitenmissionen und trainiert auch europäische Astronauten für die Arbeit auf der Internationalen Raumstation (International Space Station; ISS). Europäische ISS-Crewmitglieder starten hier jedoch nicht, sie flogen zuletzt zusammen mit US-amerikanischen und russischen Kollegen immer von Baikonur (Kasachstan) aus, während sich das CSG auf Satelliten konzentriert.

Ab der Landshauptstadt Cayenne führt eine einstündige Fahrt entlang der Küste zum Weltraumbahnhof nahe Kourou. Diese Stadt (25 000 Ew.) ist die beste Ausgangsbasis für Raketenfans: Dort informiert das CSG Space Museum über die Geschichte der ESA und die hier gestarteten Missionen. An Starttagen gibt's diverse öffentliche Beobachtungsplätze. Besucher benötigen jedoch eine Aufenthaltserlaubnis für das CSG-Gelände. Diese ist recht-

© HomoCosmicos / Alamy Stock Photo

zeitig per E-Mail bei den zuständigen Stellen zu beantragen.

Das CSG ist nicht so betriebsam wie einige seiner globalen Pendants. Dafür sind die Startfenster verlässlich und werden vorab veröffentlicht. Aber auch hier kann es zu technik- oder wetterbedingten Verzögerungen kommen. Wer wegen eines Starts anreist, sollte also flexibel sein und Geduld mitbringen. Zum Glück lässt sich in Kourou gut die Zeit verbringen. Und bei geführten Touren durch die umliegende Savanne erfährt man etwas über die Pflanzen und Tiere, die sich mit Raketen und Astrophysikern die Heimat teilen.

Joe Pappalardo hat die meisten Weltraumbahnhöfe unseres Planeten besucht und darüber das Buch „Spaceport Earth" geschrieben. Verglichen mit anderen Ländern hat Französisch-Guayana zwar eine schlechtere Infrastruktur, ist aber dennoch ein spannendes Ziel. „Ferngläser selbst zu nächtlichen Starts mitbringen", rät Joe. „Der Himmel ist hier so dunkel, dass man das Abtrennen der Antriebseinheiten auch in großer Höhe noch erkennen kann."

Praktische Informationen

Raketenstarts: In Kourou ist Arianespace der größte kommerzielle Betreiber von Trägerraketen. Auf ihrer Website veröffentlicht die Firma vorab Infos zu nicht geheimen Ladungen. Wer einem Start direkt auf dem CSG-Gelände beiwohnen will, braucht eine schriftliche Genehmigung (rechtzeitig beantragen!).

Geführte Touren: An den meisten Tagen gibt's CSG-Führungen des National Centre for Space Studies (CNES).

Indien

ISRO

© Jayakumar / Shutterstock

Der hinduistische Kapaleeshwarar-Tempel in Chennai

Die meisten Reisenden besuchen Indien wegen seiner Kultur, seiner Küche und seiner historischen Stätten. Astro-Touristen können hier außerdem noch Raketenstarts der Indian Space Research Organisation (ISRO) in ihren Reiseplan mit aufnehmen – sofern sie ausreichend Geduld mitbringen: Der Countdown kann sich in Indien immer mal wieder um Wochen oder sogar Monate verschieben.

Die ISRO wurde im Jahr 1962 unter einem anderen Namen gegründet und 1969 neu benannt. Als Indiens Antwort auf das internationale Wettrennen ins Weltall hat sie inzwischen das technologische Entwicklungs-Level renommierterer Raumfahrtagenturen wie der US-amerikanischen NASA, der russischen Roskosmos oder der europäischen ESA erreicht. Aktuell konzentriert sich die ISRO vor allem auf die Entwicklung und den Start von Trägerraketen für indische Satelliten.

Die ISRO betreibt drei Weltraumbahnhöfe: Thumba (Kerala), Baleshwar (Odisha) und das Satish Dhawan Space Centre (Andhra Pradesh). Nur von Letzterem, das sich in der Nähe von Chennai befindet, sind in jüngerer Zeit auch tatsächlich Raketen gestartet. Ausländer haben in Satish Dhawan grundsätzlich keinen Zutritt (auch nicht an startfreien Tagen), können abhebende Raketen aber je nach Jahreszeit und Zeitpunkt vom nahen Pulicat-See aus beobachten. Dieser wird in der Trockenzeit zur Salzpfanne und ist zudem ein Vogelschutzgebiet.

Schon lange will Indien in den Kreis der Länder aufsteigen, die auch bemannte Raumfahrtmissionen durchführen. 2018 erklärte Premierminister Narendra Modi, dass die erste Mission des Indian Human Spaceflight Programme (IHSP) für das Jahr 2022 geplant sei.

Praktische Informationen

Raketenstarts: Die Website der ISRO informiert vorab über Startfenster und nicht geheime Ladungen. Die angegebenen Termine können sich aber technik- und wetterbedingt nach hinten verschieben. Daher mit Puffer planen und genug Geduld mitbringen!

Geführte Touren: Aktuell gibt es keine bekannten Anbieter von Touren zu ISRO-Raketenstarts.

Japan

JAXA

Japan ist zu einer führenden Raumfahrtnation geworden: Im 21. Jh. baut es seine Raketenstartplätze immer weiter aus und erarbeitet auch Innovationen in anderen Bereichen der Weltraumtechnologie. Verglichen mit anderen Raumfahrtländern ist Japan relativ klein und hat eine hervorragende Verkehrsinfrastruktur – dies ist auch sehr praktisch für Astro-Touristen, die an startfreien Tagen lokale Startplätze besuchen möchten. Wer einen Trip ins futuristisch wirkende Tokio mit dem Beobachten eines Raketenstarts kombinieren will, kann dies durch eine Mischung aus rechtzeitiger Planung und etwas Abenteuerlust realisieren.

Die zwei Weltraumbahnhöfe Japans liegen beide im äußersten Süden des Landes: das Uchinoura Space Center auf der Insel Kyushu (Präfektur Kagoshima) und das noch weiter südlich gelegene Tanegashima Space Center auf der Insel Tanegashima. Beide nehmen damit die südlichsten Startpositionen, die Japans Geografie sinnvoll ermöglicht, ein – mit dem Ziel, die Erdrotation als natürliche Hilfe für Starts mit mehr Nutzlast und geringerem Treibstoffverbrauch zu nutzen.

Uchinoura ist leichter öffentlich zugänglich als Tanegashima: Für Starttage findet man hier sogar eine Beobachtungstribüne. Die Führungen an startfreien Tagen besichtigen auch die hiesigen Ausstellungen der Japanese Aerospace Exploration Agency (JAXA). Auf Kyushu bietet sich zudem eine Inselrundfahrt inklusive Fukuoka oder Nagasaki an. In Letzterem erinnert ein ergreifendes Mahnmal an den Abwurf der zweiten Atombombe.

Von Kagoshima aus kann man per Fähre zur Insel Tanegashima gelangen und dort vom Fährhafen zum Weltraumbahnhof fahren. Dieser veranstaltet täglich Führungen und beherbergt auch ein Raumfahrt-Museum, das u. a. einen originalgetreuen Nachbau des japanischen ISS-Moduls Kibo zeigt. Starts von Tanegashima aus kann man nur von außerhalb des Areals sehen. Hierfür gibt es jedoch ausgewiesene Bobachtungspunkte wie Kamori-nomine, das Rocket Hill Observatory oder den Takesaki Observation Stand.

Von oben im Uhrzeigersinn: Tsukuba Space Center; futuristischer Shinkansen-Zug; Startrampen im Tanegashima Space Center

Raumfahrtzentren und -einrichtungen sind in ganz Japan vorhanden; die meisten von ihnen empfangen auch Besucher. In Tokio empfiehlt sich das Tsukuba Space Center (TKSC) als das hiesige Pendant zum Johnson Space Center der NASA. Unbedingt sollte man auch einen Abstecher zum Iriomote-Ishigaki Kokuritsu Kōen auf Okinawa machen – der Nationalpark ist Japans erster zertifizierter Dark Sky Park.

Praktische Informationen

Raketenstarts: Die Website der JAXA erteilt vorab gute Infos zu Startfenstern. Die angegebenen Termine werden aber oft verschoben oder gestrichen. Daher sollte man flexibel mit Puffer planen, vorab Alternativziele in der Region ermitteln und genug Geduld mitbringen!

Geführte Touren: Aktuell gibt es keine bekannten Anbieter von Touren nach Uchinoura oder Tanegashima. Beide Space Centers kann man aber auf eigene Faust besuchen.

Kasachstan

ROSKOSMOS

© NASA Photo / Alamy Stock Photo

Raketenstart vom Weltraumbahnhof Baikonur

Wer einen Raketenstart der russischen Raumfahrtagentur Roskosmos erleben will, besucht am besten das Kosmodrom Baikonur im benachbarten Kasachstan. Diese zentralasiatische Nation hat im internationalen Vergleich die neuntgrößte Fläche und ist das weltweit größte Land ohne Zugang zum Meer.

Der Trip über die Grenze ist nötig, weil Kasachstan früher zur UdSSR gehörte und Baikonur schon zu deren Zeiten gegründet wurde: Das Kosmodrom ist der größte und älteste durchgängig genutzte Weltraumbahnhof. Geschichte schrieb es vor allem mit den Starts des Satelliten Sputnik und der Mission Vostok 1, die Juri Gagarin als ersten Menschen ins All brachte. Anfang des 21. Jhs. hoben hier die meisten bemannten Roskosmos-Missionen und viele Astronautentransporte zur ISS ab.

Man kann zwar in Baikonur Raketenstarts beobachten, der Weltraumbahnhof liegt aber abgeschieden in Kasachstans westlicher Steppe – die Anreise auf dem Landweg ist sehr lang und umständlich. Somit wählen Besucher meist eine geführte Mehrtagestour inklusive Startbeobachtung und Besichtigung berühmter Kosmodrom-Einrichtungen. Solche Touren bieten mehrere Privatfirmen an, die Reisende jeweils per Charterflug von Moskau aus zum Flughafen Jubileiny bei Baikonur bringen. Eine einzigartige Möglichkeit, das Donnern von Raketentriebwerken in der Wiege der Raumfahrt zu vernehmen!

Val Chebakin arbeitet als Programmleiter bei Space Adventures. Diese internationale Space-Tourismusfirma bietet u. a. Touren zum Weltraumbahnhof Baikonur an. „Bei einem Besuch in Baikonur sind der eigentliche Start und die damit verbundenen Sinnesreize am eindrucksvollsten“, erzählt Chebakin. Und rät von Aufnahmen ab: „Wer sich aufs Knipsen oder Filmen konzentriert, bekommt meist unbefriedigende Ergebnisse und verpasst das echte Spektakel. Darum einfach nur den Anblick genießen!“

Praktische Informationen

Raketenstarts: Der Weltraumbahnhof Baikonur kündigt Missionen zur ISS und/oder mit nicht geheimer Ladung lange im Voraus an. Die Terminangaben gehören dabei zu den verlässlichsten der Welt: Die meisten Starts erfolgen innerhalb des ersten verfügbaren Fensters.

Geführte Touren: Space Adventure, Russia Flight Adventures und Star City Tours sind empfehlenswerte Anbieter.

Neuseeland

ROCKET LAB

Neuseeland ist ein einzigartiges Topziel für Astro-Touristen: Hier lockt nicht nur ein herrlich dunkler Nachthimmel – beispielsweise im Aoraki Mackenzie Dark Sky Reserve oder im Aotea/Great Barrier Island Dark Sky Sanctuary (S. 80) –, im noch dunkleren Winter kann man hierzulande sogar südliche Polarlichter (Aurora australis) beobachten. Doch auch bei Tag sorgen Neuselands berühmte Gastfreundschaft, Kultur und Küche für einen mehr als abwechslungsreichen und angenehmen Aufenthalt.

Seit ein paar Jahren geht es von der Nordinsel aus auch ins Weltall – genauer gesagt von der Mahia Peninsula, an deren Südspitze die US-Firma Rocket Lab 2017 einen eigenen Raketenstartplatz eröffnete, den Launch Complex 1. Die Halbinsel ist ab Auckland oder Wellington in einer langen Autofahrt (7–8 Std.) erreichbar. Ansonsten empfiehlt sie sich auch als stressfreier Abstecher bei Touren zu den berühmten Weingütern der nahegelegenen Region Hawke's Bay.

Bevor man aufbricht, sollte man aber bedenken, dass Rocket Lab bisher nur drei Teststarts durchgeführt hat – größtenteils mit erheblichen Zeitverzögerungen. Zudem ist der Launch Complex 1 ein privates Firmengelände und nicht öffentlich zugänglich. Seine Auslegung für bis zu 120 Raketen pro Jahr macht häufigere und pünktlichere Starts zukünftig wahrscheinlicher. Doch bis es soweit ist, empfiehlt sich ein flexibler Reiseplan – zusammen mit dem Bewusstsein, dass man zumindest während der nächsten paar Jahre wohl eher keinen Live-Countdown in Neuseeland erleben wird.

Diese Seite: David Wall / Alamy Stock Photo; gegenüber: © S Curtis / Shutterstock; Courtesy of Rocket Lab

Astro-Touristen besuchen Neuseeland am besten im Winter: Dann ist der Nachthimmel hier dunkler, was das Beobachten von Sternen und Polarlichtern erleichtert. Speziell für Polarlichter empfiehlt sich Stewart Island: Ihnen verdankt das Eiland seinen Maori-Namen Rakiura („Glühender Himmel").

Praktische Informationen

Raketenstarts: Die Website von Rocket Lab kündigt geplante Startfenster vorab an. Die Terminangaben waren aber schon immer sehr unzuverlässig, da die Testphase zum jeweils genannten Zeitpunkt noch nicht abgeschlossen ist. Aktuell schickt keine andere Firma ihre Raketen von Neuseeland aus ins All.

Geführte Touren: Aktuell gibt es keine bekannten Anbieter von Touren zum Launch Complex 1 und/oder zu dortigen Raketenstarts.

Von links oben im Uhrzeigersinn: Taylor's Bay, Mahia Peninsula; Weinberg in der Region Hawke's Bay; Startvorbereitung durch Rocket-Lab-Personal; Startrampe und Einrichtungen

Russland

ROSKOSMOS

Der Raumfahrt-Pionier Russland gehört noch immer zu den Nationen mit den meisten Raketenstarts. Bei der Entwicklung der bemannten Raumfahrt spielte das Land eine Hauptrolle: Sein Raumfahrtprogramm (heute Roskosmos) wurde in den 1920er-Jahren von der früheren UdSSR gegründet und leistete danach Bahnbrechendes auf dem Gebiet von ballistischen Langstreckenraketen. Schließlich feierte die Sowjetunion gleich mehrfach Premiere im All: mit dem ersten Satelliten (Sputnik; Okt. 1957), dem ersten Menschen (Juri Gagarin; April 1961), der ersten Frau (Valentina Tereshkova; Juni 1963) und dem ersten Weltraumspaziergang (Alexey Leonov; März 1965). Nach dem Ende der UdSSR übernahm Russland den Weiterbetrieb der sowjetischen bemannten Raumstation Mir (aktiv 1986–2001) – ebenfalls weltweit die erste ihrer Art und ein Vorläufer der ISS, an der Roskosmos auch beteiligt ist. Ohne Russlands Wegbereitung in Sachen bemannte Raumfahrt wären die Errungenschaften der

© Georgy Golovin / Alamy Stock Photo; © Konstantin Shaklein / Alamy Stock Photo

Von links: Sojus-Rakete beim Start; Denkmal für Juri Gagarin (erster Kosmonaut der Welt) in Moskau

Raumfahrt des 21. Jhs. wohl kaum so weit fortgeschritten, wie sie sind.

Verglichen mit manchen internationalen Weltraumbahnhöfen sind Russlands Kosmodrome genannte Pendants schwerer erreichbar: Aufgrund der geografischen Lage des Landes befinden sie sich weit draußen in der Einsamkeit bzw. im benachbarten Kasachstan. Besuche sind zwar teilweise möglich, aber ohne sorgsame Planung schwierig. Die Belohnung für den Aufwand ist die hohe Wahrscheinlichkeit, das Abheben einer Sojus-Rakete zu erleben. In Russland selbst gibt es aber nur zwei große und (halbwegs) gut erreichbare Optionen mit regelmäßigen Starts: Plessezk und Vostochny. Die anderen kleineren Kosmodrome werden seltener genutzt oder sind weitaus schwieriger zugänglich.

Plessezk liegt nahe dem Weißen Meer in Nordrussland (Oblast Archangelsk) und ist im Vergleich zu Vostochny besser zu erreichen. Die nächstgelegene Stadt heißt Mirny (nicht mit einem gleichnamigen Ort in Ostsibirien verwechseln!). Nach langer Autofahrt von St. Petersburg (13 Std.) oder Moskau (15 Std.) kann man dort nur mit schriftlicher Genehmigung übernachten. Der Flughafen bei Mirny bedient ausschließlich das Kosmodrom und wird nicht zivil genutzt. In Plessezk starten vor allem Langstreckenraketen und Satelliten-Missionen.

Der neue Weltraumbahnhof Vostochny (Oblast Amur) in Russlands fernem Osten soll Roskosmos zukünftig unabhängiger vom kasachischen Baikonur machen. Bisher sind hier aber nur wenige Starts erfolgt. Mangels In- und Auslandsflügen in die Region müssen Besucher mit dem Auto oder dem Zug anreisen. Laut offizieller Bekanntgabe soll Vostochny künftig in Kooperation mit Tourveranstaltern für Space-Touristen erschlossen werden. Bislang ist der extrem abgeschiedene Ort aber immer noch äußerst schwer erreichbar. Da begnügt man sich eventuell doch mit der berühmten Allee der Kosmonauten in Moskau …

In Russland sollten Raumfahrt-Interessierte auch unbedingt die berühmte, am Rand von Moskau gelegene „Sternenstadt" besuchen: Dort trainieren Kosmonauten seit den Anfängen der bemannten Raumfahrt. Eine Führung durch die Einrichtung erweitert das eigene Wissen über das russische Raumfahrt-Programm. Zu den Pflichtbesuchen in Moskau gehören außerdem noch die Allee der Kosmonauten und das Kosmonauten-Museum, die jeweils Russlands Helden im All ehren.

Praktische Informationen

Raketenstarts: Plesetsk und Vostochny kündigen Missionen mit nicht geheimer Ladung meist lange im Voraus an. Allerdings wird auf beiden Kosmodromen nur recht unregelmäßig gestartet.

Geführte Touren: Aktuell sind keine internationalen Tour-anbieter mit Touren nach Plesetsk oder Vostochny bekannt.

USA

NASA & PRIVATUNTERNEHMEN

Von links: das Space Shuttle *Atlantis* vor seiner letzten Mission (2011); Palmetto-Palmen im Kissimmee Prairie Preserve State Park (Florida)

Der „Wettlauf ins All" ab der Mitte des 20. Jhs. etablierte die USA als eine führende Raumfahrtnation. Obwohl sich Amerikas Öffentlichkeit zeitweise weniger für Flüge ins All interessiert, passiert hier nach wie vor sehr viel: Landesweit steigt die Zahl der Raketenstarts pro Jahr sogar weiter an, da nun auch Privatunternehmen auf dem Aerospace-Markt mitmischen.

Wer in den USA live mit dabei sein will, muss sorgsam und zugleich flexibel planen, da sich die Startbedingungen auch hier jederzeit ändern können. Das ganze Land bietet Beobachtungsmöglichkeiten – bisher vor allem an den Küsten. Doch inzwischen entstehen neue Weltraumbahnhöfe auch anderswo in den USA.

Space Coast (Florida)

Floridas Atlantikküste hat ihren Spitznamen „Space Coast" schon vor vielen Jahren begeistert angenommen: In den Anfangstagen der NASA wurde sie als idealer Standort für Startram-

© Ben Cooper / Getty Images; © Don Johnston_SU / Alamy Stock Photo

pen erkannt. Deshalb entstanden hier zwei Weltraumbahnhöfe, um die ersten US-Astronauten in den Orbit und dann auf den Mond zu bringen.

Der bekanntere und besucherfreundlichere davon ist das Kennedy Space Center mit seinen drei Startrampen – benannt nach John F. Kennedy (35. US-Präsident), der das amerikanische Raumfahrt-Programm begeistert unterstützte. Auf dem Areal befinden sich auch das Kennedy Space Center Visitor Center und diverse wichtige NASA-Einrichtungen wie das Montagegebäude für Raumfahrzeuge (Vehicle Assembly Building; VAB).

Starts sind hier recht leicht beobachtbar: Über das Gelände verteilen sich mehrere öffentliche Zuschauertribünen – darunter z. B. das LC-39 Observation Gantry mit seinem kultigen Blick auf die Countdown-Anzeige. Am NASA Causeway lässt es sich in sicherer Entfernung parken und zuschauen. An startfreien Tagen kann man das Besucherzentrum erkunden, durch den Raketengarten bummeln und das stillgelegte Space Shuttle *Atlantis* besichtigen. Gelegentlich sind auch aktive US-Astronauten anwesend, die Fragen beantworten und für Fotos posieren.

Die benachbarte Cape Canaveral Air Force Station mit 37 Startrampen hat dagegen den Status einer abgeriegelten Militärbasis. Besucher können daher nur sehr selten einen direkten Blick auf das werfen, woran die NASA und mehrere Privatfirmen hier gerade arbeiten. Vom nahegelegenen Kennedy Space Center aus lassen sich

In Florida empfiehlt sich Orlando als Ausgangsbasis für Touren zum Kennedy Space Center und nach Cape Canaveral. Am besten besucht man auch noch den Kissimmee Prairie Preserve State Park: Zwei Fahrtstunden südlich von Orlando wartet dieser offizielle Dark Sky Park mit tollen Möglichkeiten für Sternengucker auf.

Praktische Informationen

Raketenstarts: Starts können an der Space Coast öffentlich und gratis beobachtet werden. Die besten Stellen dafür wechseln jedoch ständig – abhängig davon, welche der vielen Startrampen entlang der Küste gerade genutzt wird. Der Cocoa Beach Pier, der Playalinda Beach und der Space View Park in Titusville sind gute Optionen. An Starttagen herrscht oft hohes Verkehrsaufkommen mit Parkplatzmangel – daher früh genug losfahren!

Starts von Cape Canaveral aber fast genauso gut beobachten.

Die Space Coast bietet Raumfahrt-Fans ein unvergessliches Erlebnis. Es lohnt sich auch, extra für einen Start anzureisen – vorausgesetzt, man plant technik- und wetterbedingte Verzögerungen wie immer mit ein.

Zentrales Kalifornien & Südwesten der USA

An der US-Westküste heben nun immer mehr Raketen und suborbitale Raumflugzeuge ab – vor allem von der Vandenberg Air Force Base an der kalifornischen Central Coast. Nahe der Kleinstadt Lompoc starteten hier bis vor Kurzem nur militärische Missionen. Die Zunahme von Privatfirmen wie SpaceX und NASA-Dienstleistern wie der United Launch Alliance (ULA) bringt Cape Canaveral aber an seine Grenzen. So werden US-Raketen inzwischen häufiger über dem Pazifik gestartet, was mehr Reisende nach Lompoc lockt: An Startwochenenden sind die lokalen Hotels oft ausgebucht. Mehrere Websites listen

Delta-II-Rakete der ULA nach dem Start vom Space Launch Complex 2 (Vandenberg Air Force Base)

Startfenster für Vandenberg, die potenziellen Interessenten mit aktuellen Infos bei der Planung helfen, darunter z. B. Spaceflight Now (https://spaceflightnow.com/launch-schedule), Spaceflight Insider (www.spaceflightinsider.com/launch-schedule) und sogar die örtlicheTouristeninformation (https://explorelompoc.com/events).

Der kurvige Pacific Coast Highway (California Hwy 1) verbindet Lompoc und das benachbarte Santa Barbara miteinander. An einer der kultigsten Road-Trip-Routen der Welt können ambitionierte Astro-Touristen hier ein paar Tage pausieren und auf einen Raketenstart warten.

Weiter landeinwärts liegt der Mojave Air & Space Port im Herzen der Mojave-Wüste. Er ist der älteste US-Weltraumbahnhof für horizontale Starts von suborbitalen Raum- bzw. Trägerflugzeugen. So führten hier z. B. Virgin Galactic und Stratolaunch Systems erfolgreiche Test durch. Der Space Port kann nicht im Rahmen einer Tour besichtigt werden, hat aber ein eigenes Restaurant und veranstaltet monatlich einen Plane Crazy Saturday.

Die private Raumfahrtindustrie steckt noch in den Kinderschuhen, was oft auch zu Verzögerungen führt. Davon zeugt z. B. der Spaceport America nahe Las Cruces in New Mexico: Hier haben immer noch keine Starts stattgefunden – was den touristischen Reiz aber offenbar nicht schmälert. In New Mexico empfehlen sich zudem Roswell und das Lichtschutzgebiet Cosmic Campground, um ein Gespür für die Entwicklung von Amerikas Space-Age-Legenden zu bekommen.

Wallops Island (Virginia)

Zugunsten der größeren Weltraumbahnhöfe in Kalifornien und Florida wird Wallops Island im Osten der USA von vielen Raumfahrtinteressierten ignoriert. Aber auch hier können Raketenstarts beobachtet werden: Seit 1945 hat die Wallops Flight Facility bislang insgesamt 16 000 Flugkörper der NASA auf eine Mission geschickt – z. B. orbitale und suborbitale Raketen, aber auch Höhenballone und unbemannte Drohnen. Wallops Island ist eine der Barriereinseln vor Virginias Atlantikküste. So können Startbeobachter in der Nähe auch gleich noch Chincoteague Island und die wilden Ponys an der Assateague Island National Seashore besuchen.

Wer einem klassischen Raketenstart ab Wallops beiwohnen will, sollte online nach aktuellen Ankündigungen für den MARS (Mid-Atlantic Regional Spaceport) Ausschau halten: Im lokalen Vergleich wird diese Startrampe statistisch gesehen am häufigsten genutzt – bisher jedoch nur etwa einmal pro Jahr, was bei exklusiver Anreise eine lange Vorausplanung erforderlich macht. Das Wallops Visitor Center liefert weitere Infos zu Forschungsprojekten und Starts der NASA.

Von Vandenberg aus sind es drei Fahrtstunden bis zum Jet Propulsion Laboratory (JPL) der NASA in Pasadena (Kalifornien; S. 134). Von L. A. aus lassen sich Südkaliforniens astrotouristische Highlights auch in einer mehrtägigen Autotour abklappern. Zwei Stunden östlich von L. A. liegt der besuchenswerte Joshua Tree National Park, der unter der Milchstraße noch viel extraterrestrischer anmutet.

Abstecher

In der Region Washington, D. C., ist das Smithsonian National Air and Space Museum ein absolutes Pflichtziel: Dort locken zahllose Ausstellungsstücke zum Thema (bemannte) Raumfahrt – darunter das stillgelegte Space Shuttle „Discovery". Dessen Mitteldeck in Form eines originalgetreuen Nachbaus kann erkundet werden.

Weltraumtourismus

Seit Jahrtausenden suchen Menschen nach Antworten, indem sie über die Sterne, Planeten und astronomischen Phänomene am Nachthimmel nachdenken. Doch von der Erde aus ins All geht's erst seit relativ kurzer Zeit. Ende des 19. Jhs. etablierten frühe Science-Fiction-Romane wie *Von der Erde zum Mond* (Jules Verne; 1865) oder *Die ersten Menschen auf dem Mond* (H. G. Wells; 1901) die Raumfahrt erstmals fest in der fantastischen Literatur. Anfang des 20. Jhs. wurden dann sogenannte „Space Operas" (Weltraum-Opern) sehr beliebt, während die Wissenschaft das All in Reichweite zu rücken schien.

Der Fiktion folgten schließlich Fakten: 1957 gelangte der russische Satellit Sputnik als erstes Objekt aus Menschenhand in den Weltraum. Im April 1961 feierte Russland eine weitere Premiere mit dem ersten Menschen im All – Juri Gagarin, der auch die erste bemannte vollständige Erdumkreisung durchführte. Heute hoffen Astro-Touristen gespannt auf bezahlbare Raumflüge in der Zukunft. Bis dahin empfiehlt sich z. B. ein Besuch des Kosmodroms Baikonur (Kasachstan; S. 258), von dem Gagarin und andere einst abhoben. Ebenfalls 1961 wurde Alan Shepard der erste US-Astronaut; ein Jahr später umrundete John Glenn erstmals die Erde für die NASA. Dank der legendären Erfolge der Apollo-Astronauten in den 1960er- und frühen 1970er-Jahren übernahmen schließlich die Amerikaner den ersten Platz beim Wettlauf ins All. Dies galt vor allem für Neil Armstrong und Buzz Aldrin, die 1969 erstmals einen anderen Himmelskörper betraten: den Mond. Insgesamt sind bis heute über 530 weitere Raumfahrer gestartet – meist Piloten und Wissenschaftler.

Ab den 1970er-Jahren begannen kühne Geschäftsleute vom Weltraumtourismus für jedermann zu träumen: Zu Beginn des Space-Shuttle-Programms zeigte eine kommerzielle Designstudie die Raumfähre fiktiv mit einer 74-sitzigen Passagierkabine. Dies wurde aber nie realisiert. Zudem stoppten Unglücke wie die der *Challenger* (1986) und der *Columbia* (2003) die Weiterentwicklung von wiederverwendbaren Shuttle-Systemen vorläufig. In den 1990er- und frühen 2000er-Jahren versuchten ein paar Privatfirmen, einen Markt für Tourismus im All zu schaffen. Aufgrund des technologischen bzw. finanziellen Aufwands fanden sie aber kaum Kunden.

Einer war jedoch Dennis Tito: Der US-Amerikaner wurde 2001 zum ersten Weltraumtouristen, indem er über die Spezialagentur Space Adventures einen Trip für 20 Mio. US$ buchte. Tito sollte ursprünglich zur russischen Raumstation Mir fliegen, was deren Stilllegung (2001) aber verhinderte. Sein Ticket wurde daher auf die International Space Station (ISS) umgeschrieben, wo er sieben Tage lang bei Forschungen half und die Aussicht genoss. Seitdem haben sechs weitere Touristen aus aller Welt dieses Privileg an Bord der ISS erleben dürfen – jeweils für 20 bis 40 Mio. US$ pro Reise.

Erst seit den 2010er-Jahren scheinen private Reisen ins All etwas leichter realisierbar. Die Ticketpreise sind für die meisten Menschen aber immer noch astronomisch hoch. Der Weltraumtourismus wird vor allem von Privatfirmen vorangetrieben. Darunter sind bzw. waren neben Großkonzernen wie XCOR, Virgin Galactic, Sierra Nevada Corporation, Blue Origin (gehört Amazon-Gründer Jeff Bezos) und SpaceX (in Besitz von Elon Musk) auch weniger bekannte Unternehmen wie Zero2Infinity, World View Enterprises oder Stratolaunch. Einige dieser Firmen existieren auch heute noch; andere konnten ihre Vision von der erschwinglichen Weltraumreise für alle dagegen nicht realisieren. Inzwischen wächst der junge Space-Tourismus-Markt leicht – trotz Ticketpreisen zwischen 75 000 und 250 000 US$ pro Person (je nach Anbieter und Raumfahrzeug).

Auf der Erde

ASTRONAUTENTRAINING UND SIMULATIONEN

Weltraumtourismus beginnt bereits auf der Erde: Es gibt auch ein paar recht „bodenständige" Möglichkeiten, Zustände zu simulieren, die den Bedingungen im Weltraum zumindest ähneln. Meist handelt es sich dabei um Aktivitäten, die auch zum Training von professionellen Astronauten gehören.

Besonders gefragt ist beispielsweise das Erlebnis reduzierter Schwerkraft bei Parabelflügen mit Spezialflugzeugen (engl. *zero-g flights*): Die Maschinen vollführen hintereinander mehrere Sturz- und Steigflüge im Winkel von etwa 45 °. Dabei spürt man das Zunehmen und Abnehmen der Schwerkraft. Je nach Flugmanöver entspricht die reduzierte Gravitation auf dem Höhepunkt der Parabel der auf der ISS, dem Mond (–16,6%) oder dem Mars (–38%). Kommerziell werden Parabelflüge aktuell u. a. von der Zero G Corporation (USA) und airZeroG (Frankreich) angeboten. Der wenig schmeichelhafte Spitzname „Kotzbom-

Oben links: Space Camp in Huntsville (Alabama); oben rechts: Ausstellung zum Sonnensystem im Cosmodome (Québec)

ber", den man den durchführenden Flugzeugen verpasst hat, lässt erkennen, dass Parabelflüge manchen Mitreisenden nicht nur Spaß machen.

Die Teilnahme an Astronautentrainings für Normalsterbliche ist ebenfalls sehr populär. Am bekanntesten ist dabei das US-amerikanische Space Camp (S. 136). Außerhalb der USA gibt es z. B. in Kanada den Cosmodome oder das Space Camp Russia in der „Sternenstadt" bei Moskau. Solche Einrichtungen liefern lehrreiche wissenschaftliche Fakten und Informationen zu den terrestrischen Vorbereitungen der bemannten Raumflüge. Mancherorts kann man auch in einem Aerotrim (Gyroskop) herumwirbeln, sich in Zero-G-Sessel setzen oder mit authentischen Nachbauten von ISS-Arbeitsgeräten hantieren. Der Trainingspool des Space Camp in Huntsville (Alabama) ist sogar eine originalgetreue Kopie des Beckens im Johnson Space Center (Houston). Die meisten Astronautencamps haben Angebote für alle Altersstufen (inkl. Kinder).

Auf Mutter Erde interessant sind auch möglichst realistische Simulationen von Kolonien auf anderen Planeten (z. B. Mond oder Mars; s. Seitenspalte) oder Ausflüge mithilfe von virtueller Realität, die Aufenthalte im All sehr realistisch imitieren kann.

Touristische Weltraumreisen sind bisher nur sehr begrenzt buchbar und noch viel zu teuer – doch dank der genannten Möglichkeiten kann man auch auf der Erde einen Vorgeschmack darauf bekommen.

Außerhalb von Tucson (Arizona) erfährt man beim Besuch der Biosphere 2 etwas über die dortigen Experimente zwischen 1991 und 1994: Acht Wissenschaftler lebten damals in dieser Kuppel, die luftdicht versiegelt war und die wichtigsten Klimazonen der Erde simulierte. So sollte u. a. genug Sauerstoff selbst erzeugt werden, was aber nach einiger Zeit scheiterte – Zuleitung von außen wurde erforderlich. Trotz des Scheiterns war Biosphere 2 ein kühner Versuch, die Tauglichkeit autarker Ökosysteme für menschliche Kolonien im All zu testen. Die NASA und die University of Hawaii betreiben aktuell ein ähnliches Programm auf dem Mauna Loa (Hawaii): In der simulierten Marsstation HI-SEAS leben dort wechselnde Forschergruppen so isoliert wie auf dem roten Planeten.

Suborbitale Raumflüge

RAKETEN, FLUGZEUGE UND BALLONE

Die meisten Projekte in Sachen Weltraumtourismus konzentrieren sich auf suborbitale bzw. erdnahe Raumflüge in maximal 100 bis 160 km Höhe. Das klingt gut, aber die offizielle Kármán-Linie (virtuelle Grenze zwischen Luft- und Raumfahrt) liegt 100 km über der Erde, d. h. suborbitale Flüge erreichen den Weltraum bislang oft nur knapp. Dennoch bieten sie eine große Chance für die Branche: Passagiere können die Erde und ihre dünne, aber lebenswichtige Atmosphäre aus großer Distanz bewundern. Und irgendwann werden die Flüge dann auch Höhen erreichen, die ein paar schwerelose Minuten oder Stunden am Stück garantieren. Privatunternehmen arbeiten aktuell an drei Arten von suborbitalen Transportmitteln für Touristen: an Raketen, Raumflugzeugen und Ballonen.

So setzt z. B. Blue Origin auf Trägerraketen mit Passagierkapseln, wobei beide gemeinsam starten, sich dann trennen und einzeln zur Erde zurückkehren. Beim Rücksturz bietet die Kapsel ein paar Minuten Schwerelosigkeit; schließlich landet sie sanft mithilfe von Fallschirmen und Bremsraketen. Aus Kostengründen will die Firma auch die ersten Booster-Stufen ihrer New-Glenn-Raketen (benannt nach dem Astronauten John Glenn) recyceln.

Suborbitale Raumflugzeuge nutzen Luftfahrt-Technologie, um Passagiere näher an den Weltraum zu bringen. Firmen wie Virgin Galactic und Stratolaunch testen bereits entsprechende Konzepte. Dabei gelangen die Raumflugzeuge jeweils unter konventionelleren Trägerflugzeugen hängend auf große Höhe. Dort werden sie ausgeklinkt, zünden ihre Triebwerke und fliegen eigenständig weiter. Im Vergleich zu Systemen mit Trägerraketen ist das unkomplizierter und auch in puncto Treibstoff viel günstiger. So erreichte das SpaceShipTwo von Virgin Galactic Anfang 2019 eine Höhe von beinahe 90 km und durchbrach unterwegs immer wieder die Schallmauer. Für die ferne Zukunft verspricht man sich Raumflugzeuge, die selbst vom Boden starten und ins Weltall vordringen können.

Vor dem Trägerflugzeug White Knight Two: Personal von Virgin Galactic bei der Vorstellung des SpaceShipTwo

© zuma Press, Inc. / Alamy Stock Photo

Zu guter Letzt noch eine weitere, erschwinglichere aber ungewöhnliche Reisemöglichkeit für suborbitale Space-Touristen: Firmen wie Zero2Infinity und World View Enterprises planen, Passagierkapseln unter riesigen Helium-Ballonen hängend in die Stratosphäre zu schicken – eine Technologie, die auf der von Wetterballonen basiert. Auf einer bestimmten Höhe platzt die Ballonhülle durch den im Ballon entstehenden Überdruck, woraufhin die Kapsel an Fallschirmen kontrolliert zur Erde zurückfällt.

Bei all diesen suborbitalen Flügen herrscht am Scheitelpunkt des Fluges Schwerelosigkeit – mitunter minuten- oder stundenlang. Man sollte aber bedenken, dass die Kosten für die Dauer der Erfahrung immer sehr hoch sind!

Unternehmen, die suborbitalen Raumflüge anbieten und ihre Preise:

Blue Origin
Rund 250 000 US$/Pers.

Virgin Galactic
250 000 US$/Pers.

Zero2Infinity
143 000 US$/Pers.

World View Enterprises
75 000 US$/Pers.

War SpaceShipTwo wirklich im Weltraum? Das ist Ansichtssache: Virgin Galactic sagt ja; und US-Piloten erhalten das Astronauten-Abzeichen, wenn sie oberhalb von 80 km Höhe operieren. Doch der Internationale Luftsportverband (Fédération Aéronautique Internationale; FAI), der die globalen Standards für den Weltraumtourismus setzt, zieht die Kármán-Linie (s. links) bei 100 km – einer Höhe, die von Virgin Galactic bisher noch nicht erreicht wurde.

Orbitale Aufenthalte

RAUMSTATIONEN

Simulation der geplanten Hotelraumstation von Orion Span

Mit freundlicher Genehmigung von Orion Span

Touristen im Erdorbit schweben in weit größeren Höhen über der Erde als dies suborbitale Reisen ermöglichen – bisher lebten diese Reisenden meist mehrere Tage oder auch Wochen an Bord einer Raumstation. Zukünftig sind aber sogar ein- bis zweimonatige Aufenthalte dort oben denkbar.

Momentan besteht vor allem die bemerkenswerte Möglichkeit, die ISS zu besuchen, vorausgesetzt, man scheut die komplexen Formalitäten und das monatelange Vorbereitungstraining nicht. Oder den stolzen Preis – beim letzten Mal flossen 55 Mio. US$ an Roskosmos. Hauptanbieter von privaten ISS-Aufenthalten ist die Agentur Space Adventures, die auch andere Weltraumreisen für zahlungskräftige Entschlossene organisiert.

Doch auch Vorstufen kommerzieller Weltraumhotels ohne Forschungsauftrag werden bereits im All getestet – und trotz aller Herausforderungen soll die Arbeit daran weitergehen. Als erste Firma brachte Bigelow Aerospace erfolgreich drei aufblasbare Wohnmodule ins All – Genesis 1 (2006; im Orbit), Genesis 2 (2007; im Orbit) und BEAM (2016; aktuell an der ISS angekoppelt). Bigelows Hauptziel besteht darin, aus solchen Modulen später ein Weltraumhotel für längere Aufenthalte zu errichten. Andere Firmen haben ähnliche Ideen: Die Aurora Space Station von Orion Span soll einmal zwölftägige Touren für „nur" 9,5 Mio. US$ pro Person ermöglichen. Ihr Konzept für jeweils zwei Crewmitglieder und vier Weltraumtouristen umfasst Panoramafenster, ein Holografie-Deck für Spiele und sogar WLAN. Und Axiom Space entwickelt ein Himmelshotel für Designfans, die bereit sind 55 Mio. US$ für acht Tage zu bezahlen. Alle drei Firmen planen, bis 2022 im Weltraum präsent zu sein.

Was könnten die Gäste eines Hotels im Erdorbit eigentlich alles erwarten? Neben einem Panoramablick auf unseren blauen Planeten beispielsweise ein tieferer Blick in die Dunkelheit des Weltraums. Außerdem könnten sie dem Polarlicht zusehen, wie es in der Erdatmosphäre „tanzt". Und dann sind da auch noch bis zu 16 Sonnenaufgänge und Sonnenuntergänge pro Tag!

Ob der vergessene Astronaut in „Der Marsianer" oder die geheimnisvollen Ereignisse im Science-Fiction-Klassiker „2001: Odyssee im Weltraum": Filme können finstere Vorstellungen von der Zukunft im All hervorrufen. So auch „Solaris", der Halluzinationen im Orbit eines fernen Mondes thematisiert. Die in diesem Film gezeigte Raumstation ähnelt aktuellen Visionen von privaten Weltraumhotels – die aber natürlich frei von dererlei Schrecken sind.

Vom Mond zum Mars

AUF ANDEREN PLANETEN

Jenseits der Mondes ist der Mars das nächstgelegene und -liegende Ziel für zukünftige Weltraumreisende: Wie die NASA wollen auch private Firmen (z. B. SpaceX) in den kommenden Jahrzehnten dauerhafte Kolonien auf dem roten Planeten einrichten, was natürlich auch neue touristische Möglichkeiten eröffnen wird. Denn mittlerweile wurde viele Erkenntnisse zum möglichen Siedeln, Leben und Überleben auf dem Mars zusammengetragen – und welche Vorbereitungen dafür zu treffen sind. Tatsächlich sind bisher aber nur Satelliten, Lander und Rover auf dem Mars gelandet. Bis zur erfolgreichen Gründung der ersten menschlichen Marskolonie werden wohl noch einige Jahrzehnte vergehen, und noch mehr Zeit bis zur Schaffung einer touristischer Infrastruktur vor Ort. Zudem dauert der Flug zum roten Planeten mehrere Monate – man muss also einige Urlaubstage reservieren.

Um sich die touristischen Möglichkeiten vorstellen zu können, helfen die bisher gesammelten wissenschaftlichen Daten: Der Mars war unserer Erde wohl einst recht ähnlich. Viele terrestrische Abenteuer-Aktivitäten werden dort aber noch viel spektakulärer sein – z. B. Bergsteigen am gigantischen Vulkan Olympus Mons, der 25 908 m über die umliegende Ebene emporragt. Entlang des Mars-Äquators laden die ca. 4025 km langen Valles Marineris zum Wandern und Klettern in bis zu 6,4 km tiefen Grabenbrüchen ein. Auch die viele Höhlen(-systeme) der marsianischen Unterwelt sollte man nicht vergessen: Ein Teil davon beherbergt eventuell Wasser oder Eis als lebenswichtige Ressourcen für künftige Kolonien. Und beim Höhlenwandern auf dem roten Planeten könnte man auch dessen Geschichte besser verstehen lernen.

Die dünne Marsatmosphäre verhindert luftige Unternehmungen (z. B. Fallschirmspringen, Gleitschirmfliegen) mit aktueller Technologie. Doch auch hierfür wird es sicher Weiterentwicklungen geben – ganz zu schweigen von völlig neuen Sportarten, die durch die geringere Schwerkraft auf dem Mars (–38 %) möglich werden!

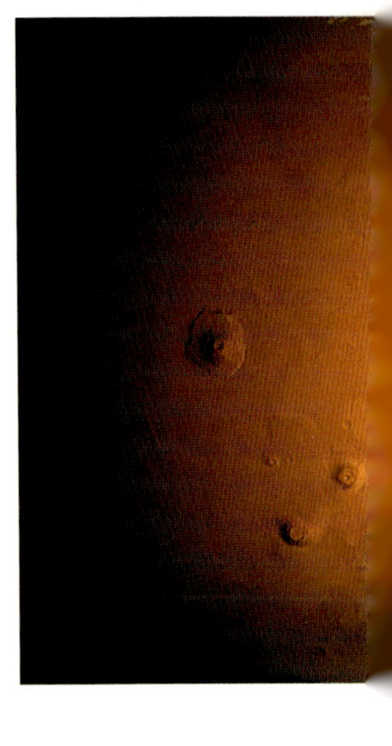

Alle Bilder mit freundlicher Genehmigung von Kevin M. Gill

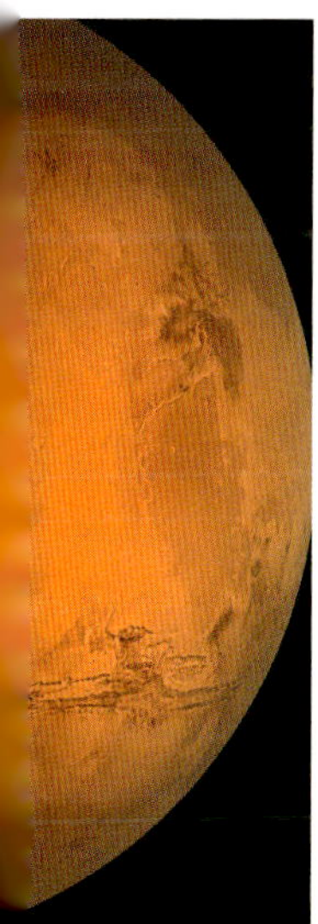

Von oben im Uhrzeigersinn: Simulation einer Marskolonie von SpaceX; die Marsoberfläche; Nahaufnahme des roten Planeten, basierend auf HiRISE-Daten der NASA

„Folge dem Wasser", dieses Motto bestimmte bisher vor allem die Forschungen der NASA auf dem Mars – doch nun wird es auch auf das äußere Sonnensystem angewandt, z. B. auf bestimmte Monde von Jupiter und Saturn, wo es vielleicht Meere gibt, die Leben ermöglichen.

Das Messinstrument MARSIS (Mars Advanced Radar for Subsurface and Ionosphere Sounding) an Bord der ESA-Sonde Mars Express lieferte ein erstes Indiz für eventuell flüssiges Wasser auf dem roten Planeten: In der Marsregion Planum Australe wies das Radarsignal ca. 1,6 km unter der Eiskappe einen „hellen Fleck" auf. Als Grund für das starke Echo vermutete man flüssiges Wasser – eine der wichtigsten Grundlagen allen Lebens.

Sonnensystem und interstellare Weiten

JENSEITS DER UNENDLICHKEIT

Oben links: das La-Silla-Observatorium der Europäischen Südsternwarte (European Southern Observatory; ESO); oben rechts: Simulation der NASA-Mission Cassini zum Saturn

Weltraumtourismus jenseits von Erde, Mond und Mars klingt interessant. Doch welche Ziele könnte man dabei besuchen? 2018 veröffentlichte das Jet Propulsion Lab (JPL) der NASA diverse „Reiseposter", um Träume von Reisen durch das Sonnensystem und interstellare Weiten zu inspirieren. Zu sehen sind z. B. die Venus, der Asteroid Ceres und der Jupitermond Enceladus – ebenso Erlebnisse wie Polarlicht-Betrachtungen auf dem Jupiter oder eine „große Raumreise" auf der Originalroute der US-Raumsonde Voyager. Teilweise stellen diese Poster den künftigen Weltraumtourismus recht klischeehaft oder übertrieben spektakulär dar. Doch genau das inspiriert uns auch, schon heute in größeren Dimensionen zu denken.

Von links: © Science History Images / Alamy Stock Photo; © Kevin M Gill / Creative Commons

Die JPL-Designer entwarfen auch Plakate für Exoplaneten, die außerhalb unseres Sonnensystems um andere Sterne kreisen. Viele solche Planeten wurden inzwischen entdeckt – darunter die sogenannte „Super-Erde" HD 40307 g, die 42 Lichtjahre entfernt ist. Dieser erdähnliche, vielleicht bewohnbare Exoplanet im Sternbild Maler (Pictor) umkreist mit mindestens fünf weiteren den Zwergstern HD 40307. Er liegt offenbar in dessen habitabler Zone, was bedeutet: nah genug für lebensspendende Wärme und weit genug weg, um nicht zu verbrennen. HD 40307 g hat aber die sechsfache Masse der Erde, was die dortige Schwerkraft entsprechend stark erhöht. Allerdings ist dies nur einer von vielen Exoplaneten, die kürzlich neu entdeckt wurden. Dabei half neben den NASA-Weltraumteleskopen Kepler und TESS auch das ESO-Observatorium La Silla in der chilenischen Atacama-Wüste mit dem Echelle-Spektrographen HARPS.

Bisher kann man sich kaum vorstellen, in welche intergalaktischen Weiten uns das menschliche Bedürfnis nach Erkundung einmal führen wird. Eventuell geht es ja eines Tages über unser Sonnensystem hinaus. Doch auch dabei wird den Pionier-Missionen irgendwann der Tourismus folgen. Jules Verne und H. G. Wells blickten mit ihren Mondflügen rein fiktiv in die Zukunft. Aber nicht einmal 100 Jahre später war ihre Vision bereits Realität. Vielleicht finden die ersten Fernreisen durchs Universum sogar noch zu unseren Lebzeiten statt.

Die neuesten NASA-Pläne für bemannte Weltraummissionen konzentrieren sich auf das Raumfahrzeug Orion, das viel weiter ins Sonnensystem vordringen soll, als dies bei bisherigen Missionen der Fall war. Bei den ersten Flügen sollen die Astronauten zunächst aber hauptsächlich alle Systeme und Vorgehensweisen unter den realen Bedingungen im Weltraum überprüfen. „Während dieser Flüge finden jeweils spezielle Tests zu diversen wichtigen Funktionen statt – darunter Einsatzplanung, Systemleistung, Crew-Vernetzung, Navigation und Steuerung", erklärt der Deputy Associate Administrator Bill Hill. „Genau wie bei den Mercury-, Gemini- und Apollo-Programmen, deren Möglichkeiten stets bei mehreren Missionen demonstriert und weiterentwickelt wurden."

Schlusswort

Beim Lesen dieses Buches könnte der Eindruck entstehen, man müsse um die ganze Welt reisen, um die Wunder des Weltraums und des nächtlichen Himmels zu erleben, aber der Eindruck täuscht. Tatsächlich kann man auch zu Hause zum Astrotouristen werden. Die meisten Städte haben Raumfahrtsmuseen, Sternwarten, Planetarien, Astronomieclubs und nahe gelegene Gebiete mit dunklem Nachthimmel. Man muss auch nicht seinen gesamten Urlaub dem Astrotourismus widmen: Es reicht, seinen Aktivitäten den Besuch eines Planetariums oder eines Museums hinzuzufügen oder einfach nach einem Tag voller Abenteuer abends eine Sternenbeobachtung einzuschieben. Man kann sich vorab über den Raumfahrt- und Astrotourismus am Zielort informieren und einfach die Beobachtungsausrüstung mitnehmen, die man vor Ort vielleicht verwenden möchte.

Da die Lichtschutzbestrebungen zunehmen und immer mehr Orte an der Reduzierung der Lichtverschmutzung arbeiten, ergeben sich immer mehr Gelegenheiten, die Schönheit der Sterne, Planeten, Galaxien und anderer Himmelserscheinungen zu bewundern. Ebenso gibt es immer mehr Reiseziele, die den Schwerpunkt auf das Erleben des Weltraums und des Himmels legen. Einige der in diesem Buch vorgestellten Orte setzen bereits heute auf Astronomie und Sternenbeobachtung als touristische Hauptattraktion. Wieder andere locken Touristen mit der Raumfahrt, so die Space Coast in Florida. Die Sonnenfinsternisse über Nordamerika (2024) und Europa (2026) werden ebenfalls Besucher anlocken. Der Tourismus dieser Art wird in den kommenden Jahren zunehmen, und damit werden Reisende in Sachen Astronomie immer mehr Optionen haben.

Bei den heutigen Ticketpreisen können sich nur Superreiche Weltraumflüge leisten, aber auch der Raumfahrttourismus dürfte im nächsten Jahrzehnt erschwinglicher werden. Die hohen Kosten heutiger Weltraumflüge dürften durch neue Technologien und steigende Nachfrage sinken. Antarktika lag einst außer Reichweite, ist aber heute für immer mehr Traveller ein einmaliges Reiseziel; eine ähnliche Entwicklung könnte auch in Bezug auf Orbitalflüge und Reisen zum Mond oder sogar zum Mars eintreten.

Aber egal, wie man das „Erlebnis Weltall" in sein eigenes Leben integriert, die Betrachtung des Nachthimmels ist nicht zuletzt deshalb so eindrucksvoll, weil er uns besser verstehen lässt, wie kostbar und besonders unser Heimatplanet im unendlichen Universum ist. Die Erde ist nicht nur ein großer Himmelskörper mit vielen Wundern, sondern auch (auf absehbare Zukunft) unsere einzige Heimat, die wir bewahren müssen. Wer die Wunder des Alls aus erster Hand zu erleben beginnt, kann durchaus ein geschärftes Bewusstsein für Umweltfragen oder Ressourcenmanagement entwickeln. Das geschieht oft, wenn man die Milchstraße bewundert, das Polarlicht bestaunt oder voller Demut eine Sonnenfinsternis miterlebt. Wenn der Astrotourismus dazu beiträgt, dass mehr Menschen bereit sind, sich für den Schutz unseres Heimatplaneten einzusetzen, können wir eine wunderbare Zukunft … und einen dunklen Nachthimmel voller leuchtender Sterne erleben.

Register

Titel der englischsprachigen Ausgabe
Dark Skies
©2019 Lonely Planet
Herausgegeben Lonely Planet Global Limited
CRN 554153
www.lonelyplanet.com

Managing Director, Publishing Piers Pickard
Associate Publisher Robin Barton
Autorin Valerie Stimac
Commissioning Editor Nora Rawn
Art Director Daniel Di Paolo, Katharine Van Itallie
Print Production Nigel Languet

Abbildungen innen © wie angegeben
Titelbild © Paul Zizka / Aurora Photos

Verlag der deutschen Ausgabe
MAIRDUMONT GmbH & Co. KG
Marco-Polo-Straße 1, 73760 Ostfildern
www.mairdumont.com, www.lonelyplanet.de

Projektbetreuung Jana Duran
Übersetzer Berna Ercan, Tobias Ewert, Dr. Christian Rochow
Redaktion und Produktion red.sign GbR (Susanne Junker, Frank Müller, Olaf Rappold)

1. Auflage 2019
ISBN 978-3-8297-2692-4
Printed in Singapore

FSC® www.fsc.org
MIX
Papier aus verantwortungsvollen Quellen
FSC® C021741

Das Papier in diesem Buch wurde nach den Forest Stewardship Council®-Richtlinien zertifiziert. FSC® fördert die umweltfreundliche, sozialverträgliche und wirtschaftlich tragfähige Bewirtschaftung des weltweiten Waldbestands.